Contents

光能夠傳遞顏色

# 五顏六色的太陽光

## 太陽的光可以被「稜鏡」分解

首先，讓我們來討論光與顏色的關係。

晴朗的白天，豔陽高照。雖然刺眼的太陽讓人無法直視，不過大家應該看得出來太陽光是白色的。其實，太陽光是由許多顏色的光組合而成。

英國科學家牛頓（Isaac Newton，1642～1727）曾經進行過一項實驗。牛頓讓太陽光穿過玻璃製的三角柱狀「稜鏡」，如此一來，太陽光中各種不同顏色的光就會被分解出來，並形成一排色彩繽紛的光帶。這個光帶被稱為「太陽光譜」（solar spectrum）。

太陽光譜中包含了紅、橙、黃、綠、藍、靛、紫 7 種顏色。不過，各個顏色之間的界線並不明確，所以顏色的數量並沒有太大的意義。或者應該說，太陽光中包含著「無數種顏色的光」。

## 分解太陽光的實驗

英國的科學家牛頓讓光透過稜鏡，分解出光帶。

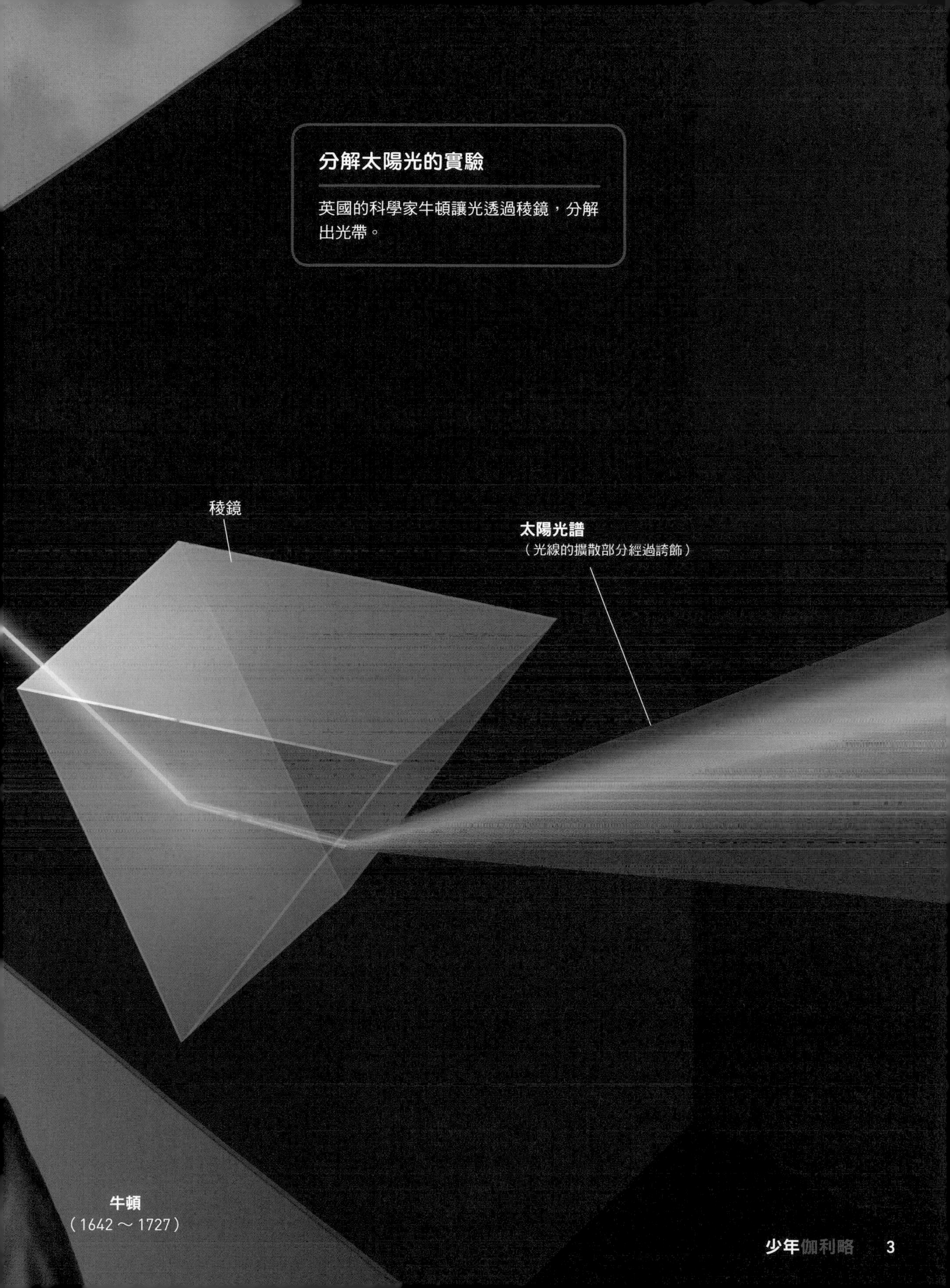

稜鏡

**太陽光譜**
（光線的擴散部分經過誇飾）

**牛頓**
（1642～1727）

光能夠傳遞顏色

# 所有顏色都是由 3種顏色組成

## 紅、綠、藍是顏色的基礎！

由無數種顏色的光構成的太陽光，看起來是白色的。不過實際上，只要將紅、綠、藍 3 種顏色的光重疊在一起，就能產生白色的光。而且，如果改變紅、綠、藍 3 種色光的亮度和組合比例，就能夠創造出所有的顏色。

關於這點，只要研究一下電視機是如何顯示出顏色就會知道了。

如果將電視機的顯示畫面放大來看，就會看到許多的小點，正發出紅、綠、藍顏色的光。人類的肉眼無法將這些小點一個個區分開來，因此這三種顏色的光會互相重疊，形成各式各樣的顏色，電視上便出現了色彩繽紛的畫面。

紅、綠、藍是構成所有顏色的基礎，因此稱它們為「光的三原色」。

綠

紅

黃
（紅＋綠）

洋紅
（紅＋藍）

白
（紅＋綠＋藍）

青
（綠＋藍）

藍

## 光的三原色

能夠形成所有顏色的紅、綠、藍3色，被稱為「光的三原色」。由於英文裡的紅是「red」，綠是「green」，藍是「blue」，因此也有人用「RGB」，也就是它們的英文字首來稱呼它們。

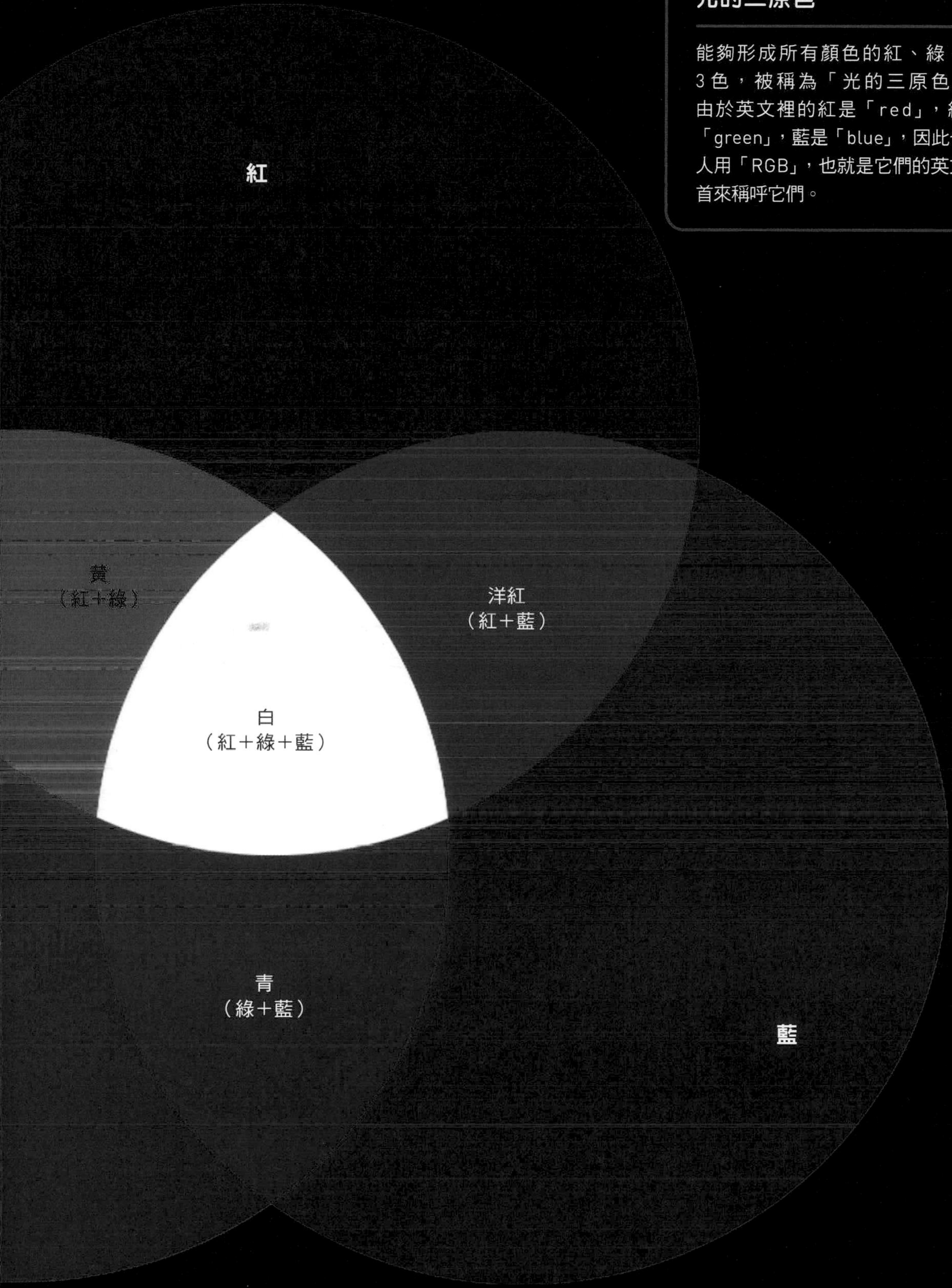

光能夠傳遞顏色

# 位於眼睛後方的紅、綠、藍感受器

## 3 種受器接收到的訊息會「形成」顏色

為何只靠紅、綠、藍 3 個顏色就能產生所有的顏色呢？這其中的奧妙，就藏在眼睛深處的「視網膜」（retina）之中。

人的眼睛會將光集中在「角膜」（cornea）、「水晶體」（lens）所構成的「鏡片」上，並由視網膜接收。視網膜上的「視錐細胞」這種受器，能夠感受到光的顏色。順帶一提，視網膜上也有「視桿細胞」，這些受器

人類眼睛的剖面圖

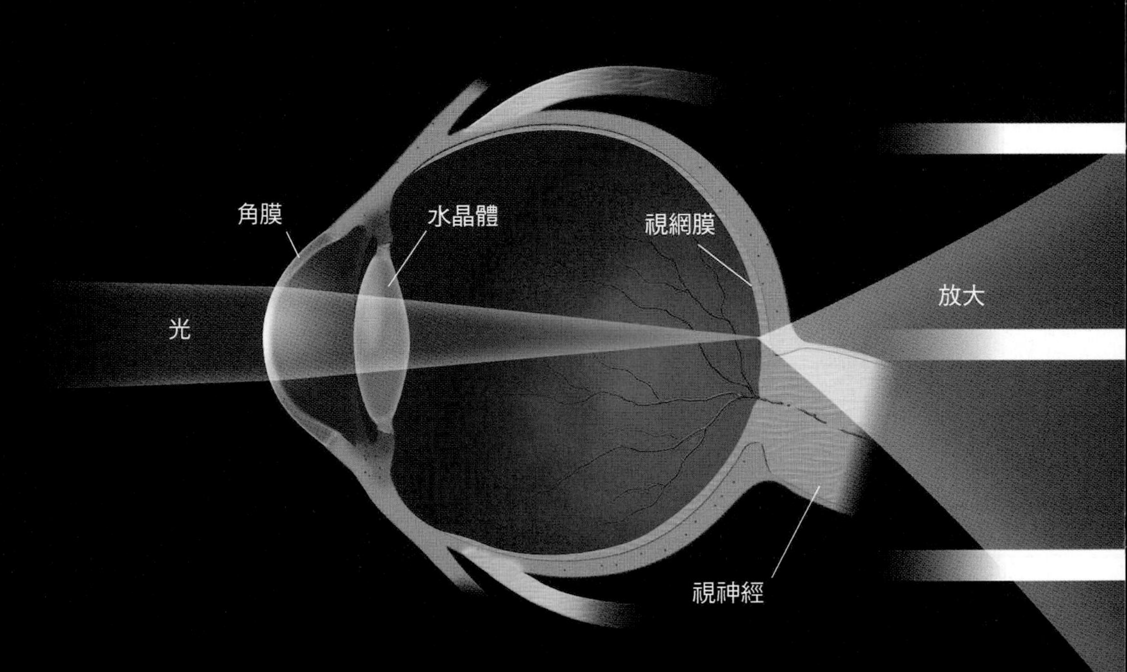

感受的則是光的明暗。

視錐細胞分成 3 種，能夠接收的光各不相同，分別是「黃或紅」、「綠」、「藍或紫」。

進入眼睛的光的顏色不同，這3種視錐細胞所接收到的光線量也就不同。匯集上述的資訊之後，我們就能真正的認識顏色。總之，只要將光的三原色以不同的比例組合，就能夠帶給 3 種視錐細胞各式各樣的刺激，因此只要有三原色，我們就能夠感受到所有的顏色。

**視網膜上的顏色受器**

到達視網膜的光線會被視錐細胞接收。視錐細胞分成 3 種，能夠接收的光各不相同。而視錐細胞受到刺激後，會再經由視神經傳遞到大腦，整合成顏色的訊息。

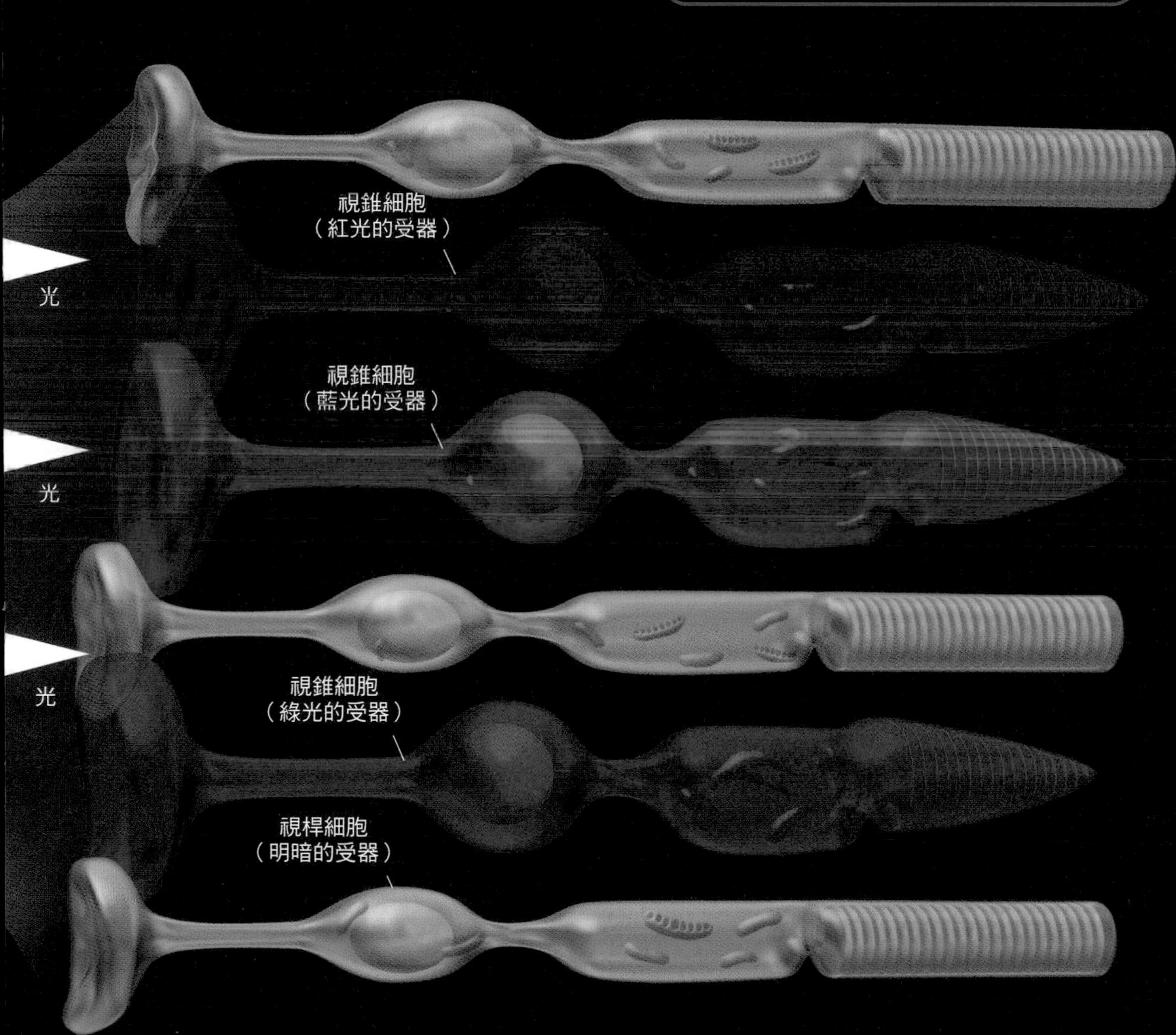

光能夠傳遞顏色

# 將 3 種顏料混和就會變成黑色

## 青、洋紅、黃是「色料三原色」

雖然和光略有不同，不過顏料中的各種顏色也和光一樣，是由 3 種顏色構成。這 3 種顏色被稱為「色料三原色」，分別是青（明亮的藍色）、洋紅（明亮的紫紅色）和黃色。在白紙上，只要將這三種顏料混和，就能夠做出所有的顏色。

雖然乍看下跟光的三原色很像，卻有很大的差異。光的三原色互相混和的話會變成白色，相對的，色料三原色互相混和後卻會成為黑色。

這是因為光的減色法。青色顏料會從白色光中吸收紅色光，並將剩下的光反射出去而形成顏色（白－紅＝青）；洋紅色顏料會從白色光中吸收綠色光（白－綠＝洋紅）；黃色顏料則會從白色光中吸收藍色光（白－藍＝黃）。於是，如果把這 3 種顏色的顏料混和，那麼紅、綠、藍光都會被吸收，任何顏色都無法反射出去，所以看起來就會是黑色（白－紅－綠－藍＝黑）。

黃（白－藍）

## 色料三原色

理論上，只要將色料三原色混和就能製造出黑色，但實際上很難透過這個方式將所有顏色的光都吸收，如此製造出的黑色也不夠純粹。因此，在印刷品中，我們一般會在色料三原色之外再加上黑色墨水，總共會用到 4 種顏色。

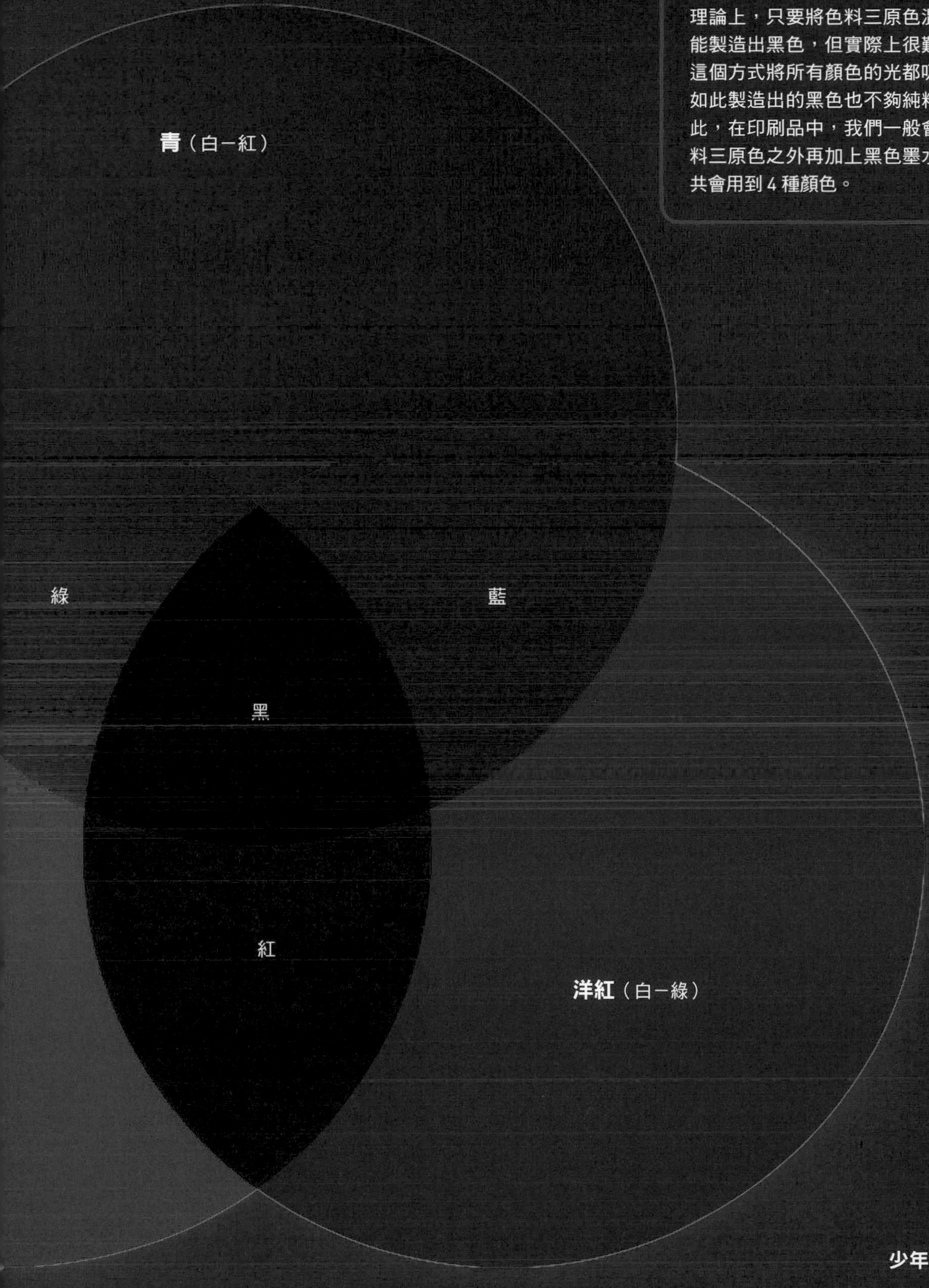

青（白－紅）

綠

藍

黑

紅

洋紅（白－綠）

光能夠傳遞顏色

# 為什麼會產生不同的顏色呢？

## 光其實是波！波長的不同會讓顏色改變

### 不同的顏色代表不同的波長

波有許多種類，比如光、海浪、聲波、地震波等等。光的「波長」如果不同，在我們眼中所看到的顏色也會不同。

到底是什麼原因，讓光產生出不同的顏色呢？

在思考這個問題之前，或許應該先想想，光到底是什麼東西呢？要一言以蔽之的話，光是一種「波」。

光是一種波，這句話到底是什麼意思呢？要理解這個概念，不妨先假設我們一隻手握著繩子的一端，並將繩子上下或是左右甩動。如此一來，較高的「波峰」部分和較低的「波谷」部分應該會交互出現。實際上，光也和被甩動的繩子一樣，是以波的形式傳遞。

若是波的「峰」與「峰」之間的距離，也就是「波長」發生變化，我們眼中所看到的顏色也會改變。

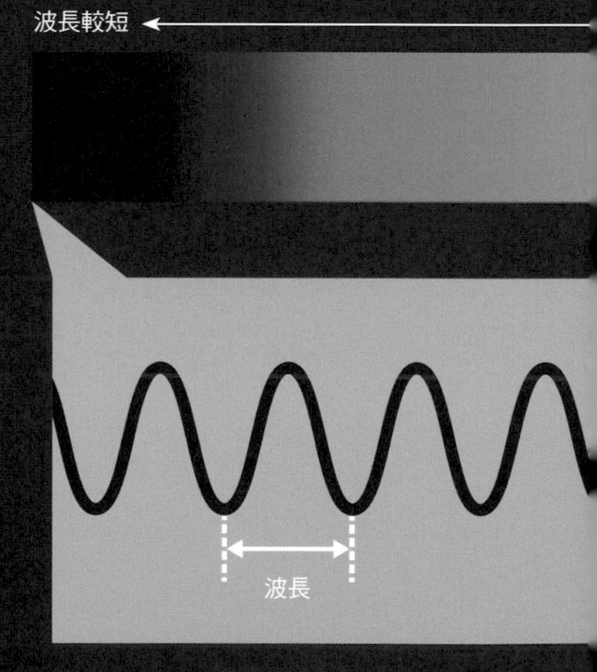

紫色光的波長較短

海浪

太鼓的膜上產生的波

聲波

地震波

聲波

弦上產生的波

以繩子傳導的波

波長較長

太陽光譜
（可見光）

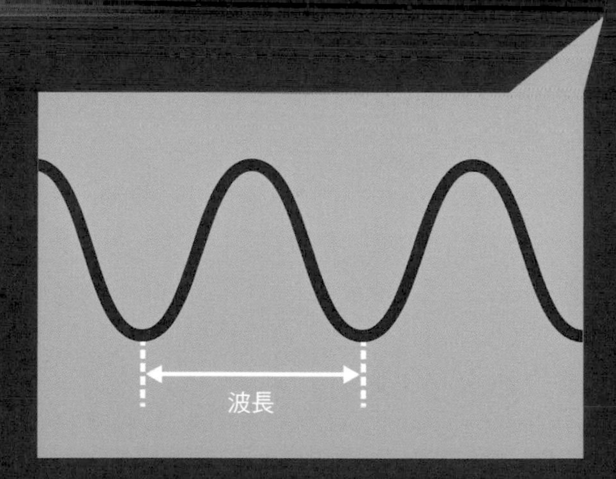


紅色光的波長較長

Column

Coffee Break

# 我們和鳥類看到的風景不同？

說來有趣，除了人類以及一部分靈長類之外，其他哺乳類視網膜上能感受到光與色彩的視錐細胞，比人類少了一種，也就是只有 2 種。因此有些人認為狗、貓、牛等哺乳類眼中的世界，相較於人類所看到的，是色彩更為貧乏的世界。

另一方面，魚類、爬蟲類和鳥類所擁有的視錐細胞，比人類還要多一

菊科黑心金光菊（*Rudbeckia hirta*）的可見光圖像。這是我們在日常生活中看到的花。

種，總共有 4 種。比如鳥類，牠們似乎能看到人眼無法看見的紫外線。這些動物眼中的世界，或許和我們的世界有著相當不一樣的色彩。

有人認為，哺乳類的祖先在演化的過程中，曾經在很長的一段時間裡過著夜行性生活，因此視錐細胞退化到只剩下兩個。之後，靈長類的祖先演化成晝行性，並在這個過程中再次增加了視錐細胞的種類。有人指出，這可能與當時的生物開始食用色彩鮮豔的果實有著某種關聯。

**從能看見紫外線的鳥類眼中看來……**

與左圖相同的花，在波長300～400奈米的紫外線下所攝影的圖像。鳥類既有能對紫外線範圍的光產生反應的視錐細胞，又能夠看見可見光，因此牠們所看到的，或許是這兩張圖像疊加在一起的結果吧。

光所具備的各種性質

# 投射進水裡的光，為何會偏折？

## 光在空氣中與水中的前進速度不同

現在將會開始探討光所擁有的各種性質。

當在空氣中傳播的光，斜斜投射進水面時，光不會直直前進，而是會沿著一條偏折的路線前進，這種現象稱為光的「折射」。不過，光到底為什麼不會直直前進，而會發生折射呢？

原因是光的速度。在水中，水分子會「阻撓」光的前進。因此與在空氣中相比，光在水中前進的速度會比較

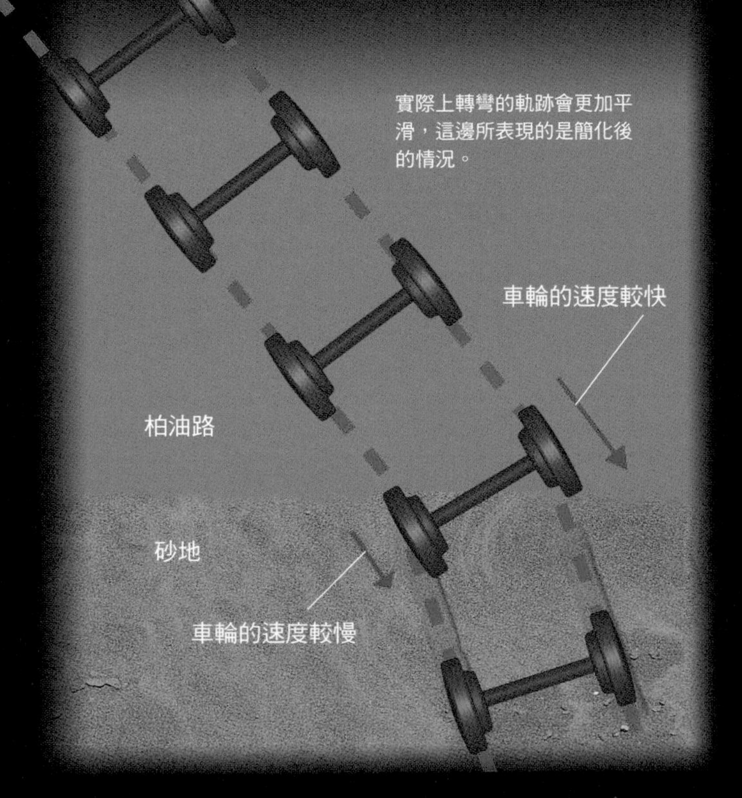


### 行進的場所改變的話，前進方向就會彎曲

光的速度在空氣中、水中、玻璃中都不相同。光進入不同介質時，就和車輪從道路開進砂地時的情況相同。先進入砂地的左側車輪，與還在道路上的右側車輪之間速度不同，因此讓車輪的前進方向產生彎曲。

緩慢。

若是有兩個以鐵棒連接的車輪，從柏油路開進砂地（如左圖），左邊的車輪會先進入砂地，而使左側的速度下降。不過因為右邊的車輪還沒進入砂地，所以速度仍保持不變。由於左右兩側的速度之間出現了落差，車輪的前進方向也會跟著彎曲。

如果把光想像成一條有寬度的光帶，就可以用車輪的例子來思考。在先進入水中的那側，光的速度會下降，而較晚進入水中那側的光，速度仍未產生變化，於是光的前進方向就彎曲了。

### 光在水中會產生折射

把光想像成是有寬度的光帶。當光進入不同的環境時，光帶左右兩側的速度就會產生落差，使光的前進方向出現偏折，這種現象稱為折射。

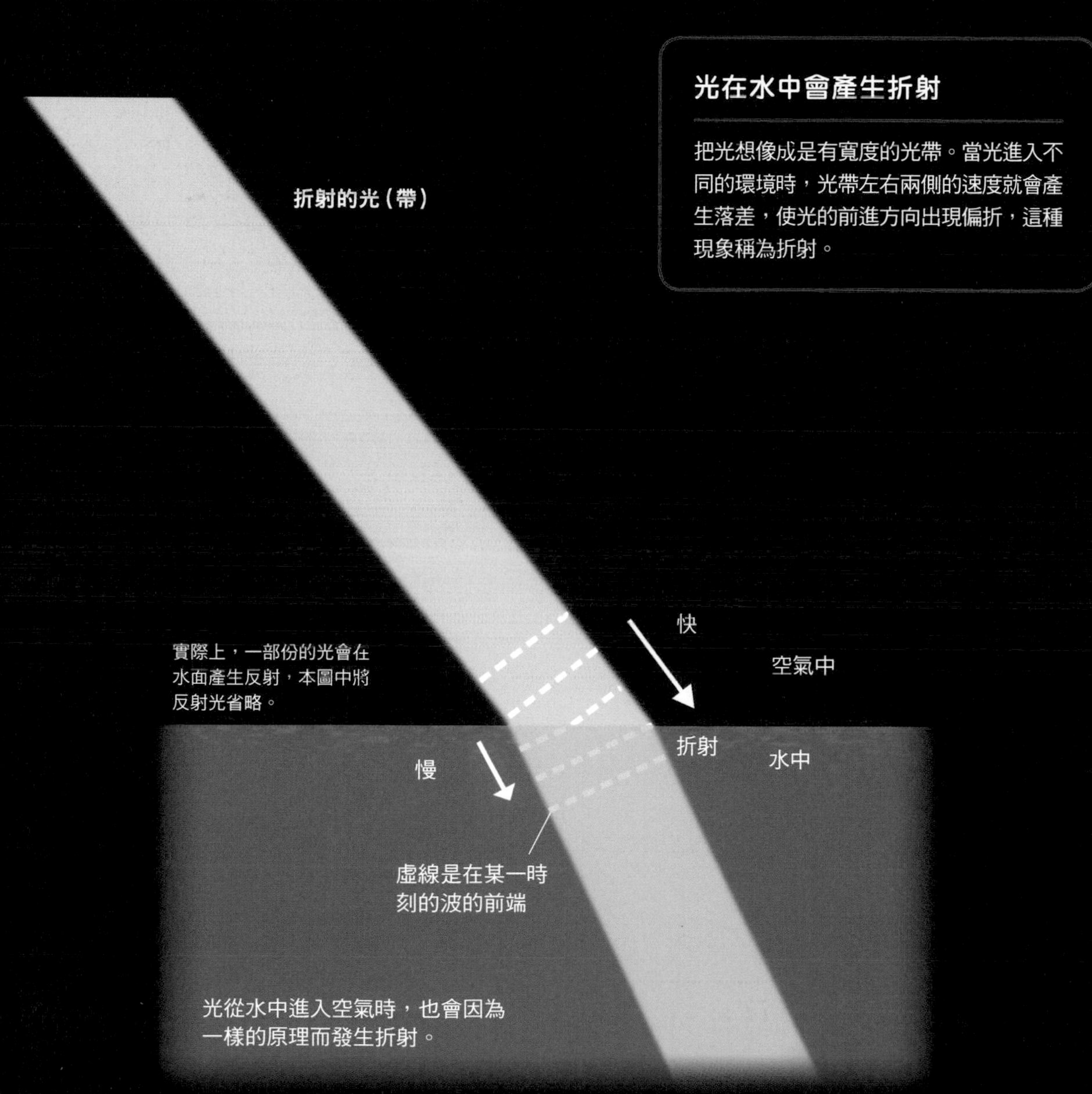

光所具備的各種性質

# 為什麼戴了眼鏡，就能看得清楚呢？

## 凸透鏡將光匯聚，凹透鏡使光發散

生活中常見到的眼鏡，其實也應用了光的折射現象。眼鏡的鏡片就像水一樣，會使入射的光線發生折射。

其中，鏡片又分成凸透鏡與凹透鏡。凸透鏡能夠將入射的平行光折射，並集中到一個小點上，而凹透鏡則能將入射的光線發散。這些作用是如何被運用在眼鏡上的呢？

正常的眼睛，會將入射的光線集中

### 近視眼鏡與遠視眼鏡

凸透鏡能夠將光線折射並集中到一個小點上，凹透鏡則是能夠將光線發散。凸透鏡作為遠視眼鏡，能夠將光線的聚集點往前移動；凹透鏡則是作為近視眼鏡，將光線的聚集點向後移動。

**凸透鏡能夠匯聚光線**

凸透鏡
折射
平行光線
折射
焦點

**凹透鏡能夠發散光線**

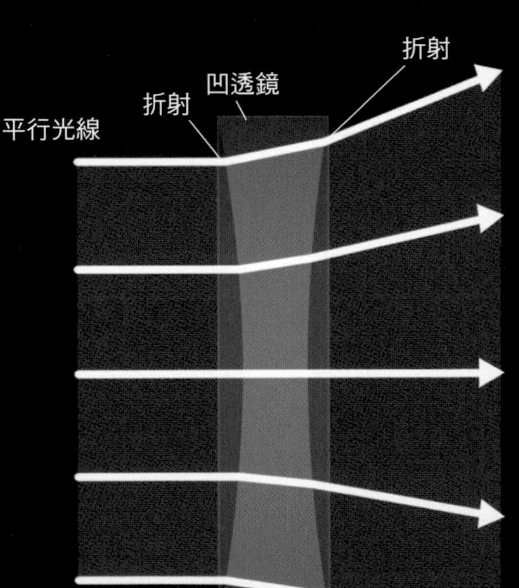

在視網膜上。然而，近視的人在看向遠處時，眼睛會使光線產生過大的折射，使光線集中的點移動到視網膜的前方。不過，配戴凹透鏡眼鏡後，由於它能夠將光發散，因此就能夠將光線的聚集點向後移動，並讓它回到視網膜上。

另一方面，遠視的人則是因為使光線折射的幅度不夠，導致光線聚集在比視網膜更後面的位置。但只要配戴凸透鏡眼鏡，就能使光線稍微匯聚一些，集中在位置較前面的視網膜上。

**人類眼睛的剖面圖**

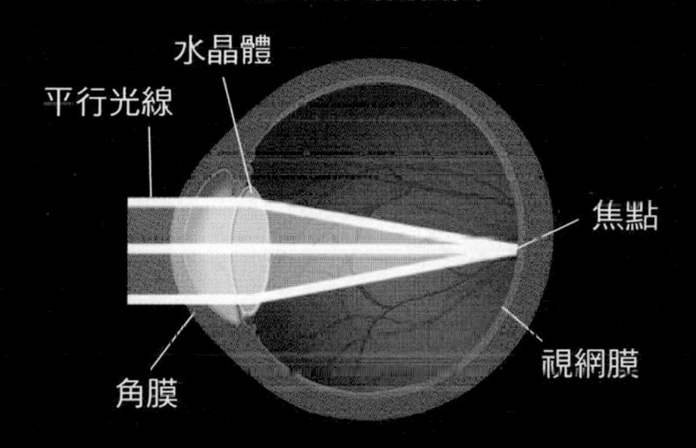


**正常的眼睛**
水晶體在看向遠處時會變薄，看近處時會變厚，透過這種方式改變焦點的距離，光（平行光線）的焦點也因此能落在視網膜上。

**近視的人，視線焦點會落在視網膜的前面（折射的幅度過大）**

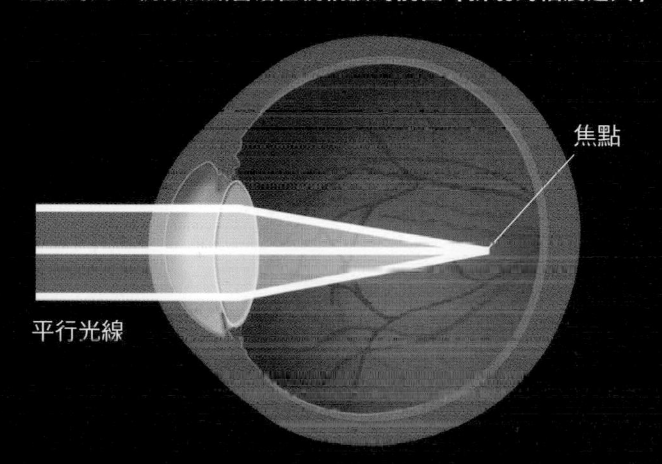


**遠視的人，視線焦點會落在視網膜的後面（折射的幅度過小）**

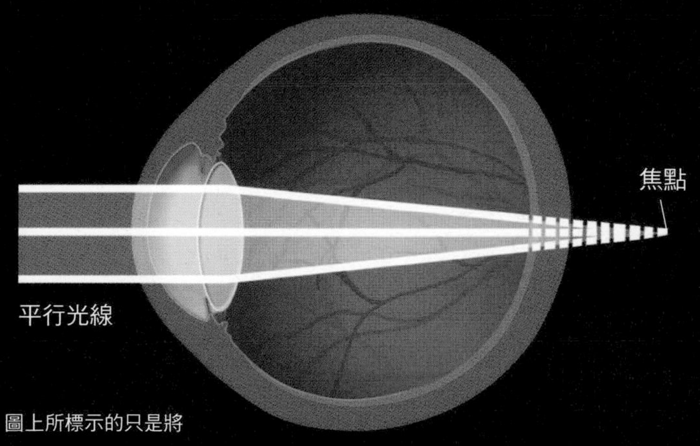


※光當然不會真的跑到視網膜的後面。圖上所標示的只是將光線延長而產生的焦點。

光所具備的各種性質

# 為何彩虹看起來有7種顏色呢？

## 大氣中的水滴將太陽光的色彩分解

### 彩虹產生於光的色散

彩虹是以空中的水滴作為稜鏡，使太陽光發生色散而產生的現象。另外，在輪廓分明的彩虹（主虹）的外側，有時還能觀察到輪廓較淡的霓（副虹）。

在空氣中行進的光，若是進入水中或是玻璃中，速度會慢下來。而速度下降的幅度，會隨著光的顏色（波長）不同而改變。以太陽光譜來說的話，依照「紅、橙、黃、綠、藍、靛、紫」的順序，越後面的波長越短，速度下降的幅度也越大。也就是說，折射的程度會越來越大。太陽光通過稜鏡後會分解成不同顏色，正是這個緣故。這種現象稱為光的「色散」（chromatic dispersion）。

生活中能夠觀察到色散現象的例子之一，就是彩虹（rainbow）。空中的無數個水滴，在這個現象裡扮演了稜鏡的角色。太陽光的一部分經過折射後進入水滴，在水滴裡反射過後，再度經由折射從水滴回到空氣中。紅色光在與太陽光前進方向夾角約42度時最為明顯，而紫色光在夾角約40度的方向最為明顯。像這樣，各種不同顏色的光從不同的高度（角度）的水滴進到我們眼中，因此形成了顏色分明的彩虹。

從彩虹的紅色部分中射出的紫色光，無法到達眼睛。

觀測者

從彩虹的紫色部分中射出的紅色光，無法到達眼睛。

**太陽光**
（形成主虹紅色部分的光線）

**彩虹的紅色部分**
從無數的水滴傳來紅色的光線，因此看起來像是一片紅色的光帶。

**太陽光**
（形成主虹紫色部分的光線）

**霓**
（由在水滴中經過反射 2 次後射出的光所形成）

**彩虹的紫色部分**
從無數的水滴傳來紫色的光線，因此看起來像是一片紫色的光帶。

由於肉眼無法將水滴一個個區分開來，因此看起來像是連續的光帶。

**主虹**

**水滴將太陽光分成不同顏色**

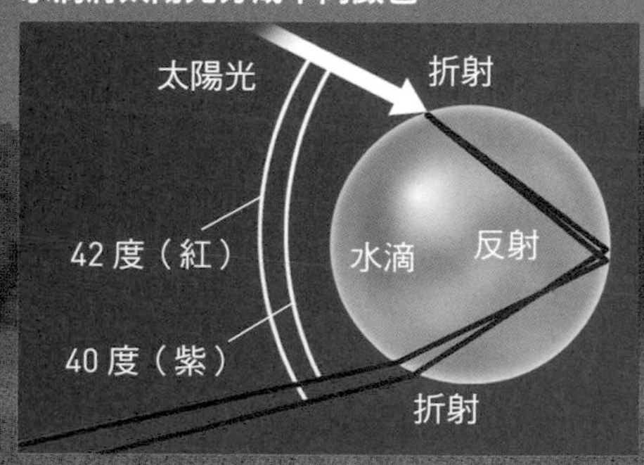


※省略了與解說無關的反射光與透射光。

光所具備的各種性質

# 為何能在鏡中看到自己？

## 鏡子具有能夠將光「完美」反射出去的性質

照鏡子時會看到自己的影像，這是因為光在鏡子上產生了「反射」。鏡子是由光滑平整的玻璃與金屬平面製成的。入射的光會以跟入射時相同的角度（入射角）再反射出去（反射角），這就是所謂的「反射定律」（law of reflection）。

想像一下站在鏡子前看著自己的臉。從光源發出的光，照在臉上的各個角落之後，打到了鏡子上。光接觸

**鏡子滿足反射定律**

所謂的反射定律，是指入射角和反射角的角度相同。

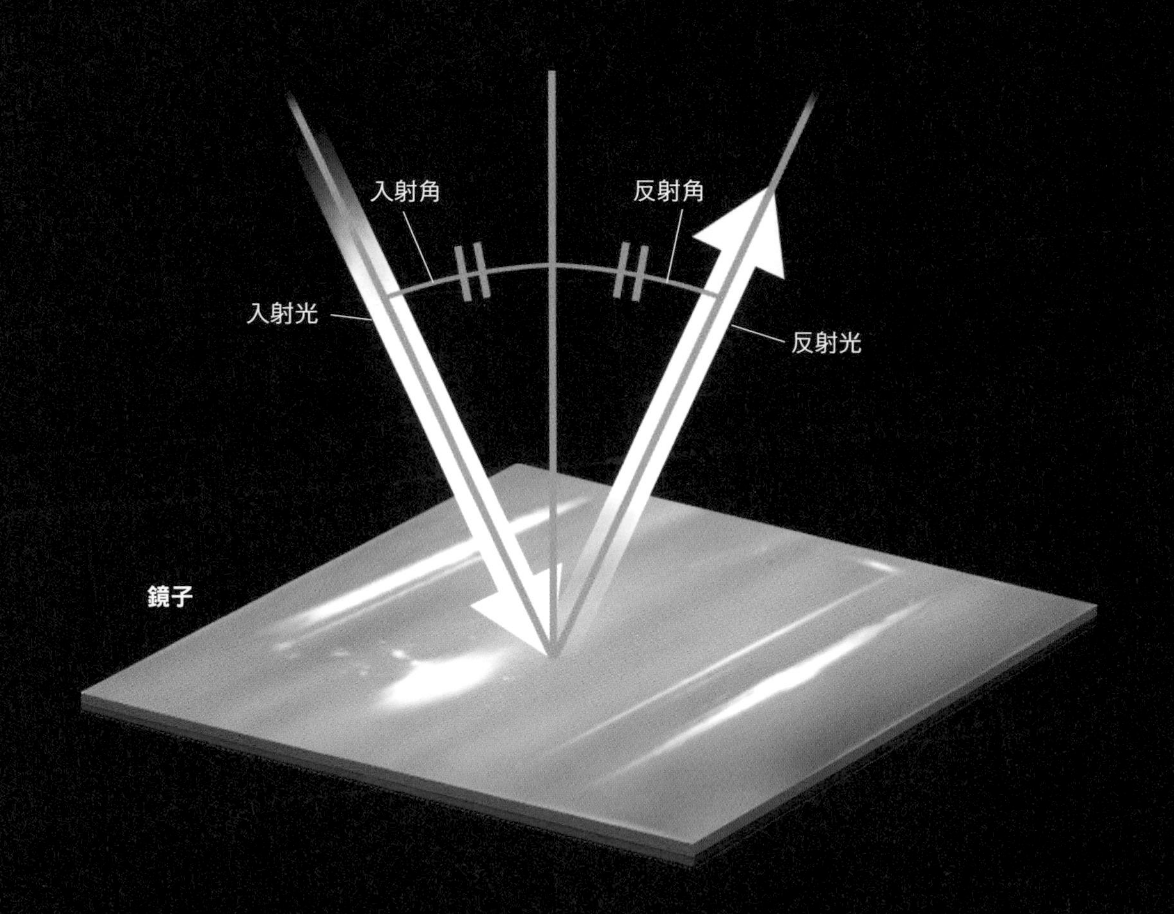

到鏡子後，遵循著反射定律，以與入射時相同的角度反射，並傳到眼睛裡。由於大腦認為「光應該是直線前進的」，因此會判斷進入眼睛的光，應該是來自於反射方向的延長線上的某一點。因此，我們才能隔著鏡子，在對稱的位置看到自己的臉（如下圖）。

另外，鏡子能夠反射任何顏色的光，因此會映照出物體原本的顏色，藍色的物體看起來就是藍色，紅色的物體看起來就是紅色。

**大腦認為進入眼睛的光是「筆直前進的」**

在下圖中，自額頭射出並進入眼睛的光，會被大腦認為是從眼睛與A點的延長線上傳來的。相同的現象產生於臉的各個部位，因此在對稱於鏡面的位置，我們可以看到自己的臉。

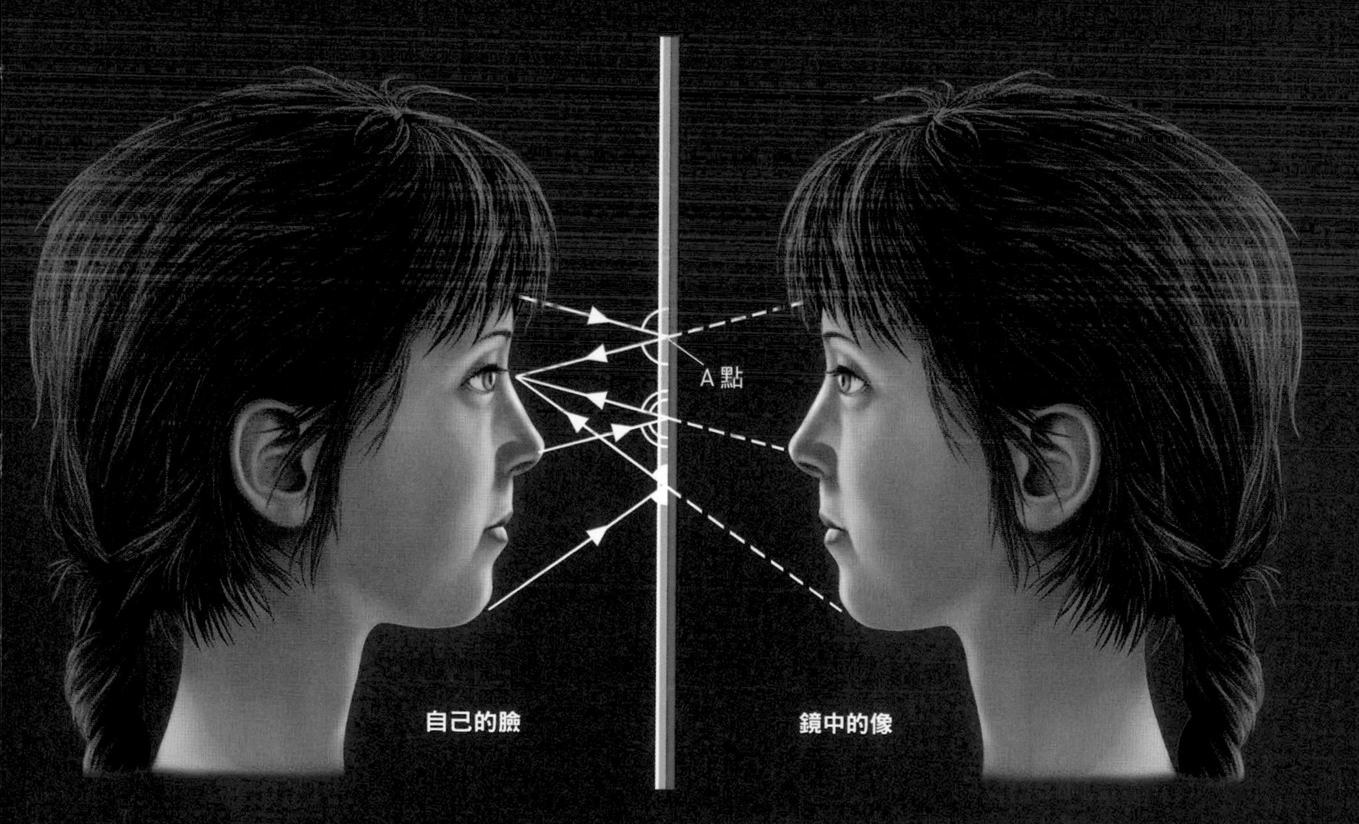


※圖中省略了在鏡子的玻璃面產生的反射與折射。

光所具備的各種性質

# 為什麼蘋果看起來是紅色的，葉子卻是綠色的？

## 蘋果其實吸收了紅色光以外的光

一般我們所看見的物體，大部分都不是自己發光，而是反射了太陽光或是照明設備的光。我們透過接收這些反射來的光，來看見周遭的物體。

舉例來說，如果以太陽光或是燈光（白色光）照射蘋果，紅色的光被大量的反射，而剩下的顏色便會被蘋果的成分吸收。因此在我們看來，蘋果是紅色的。相同的道理，白色光照射

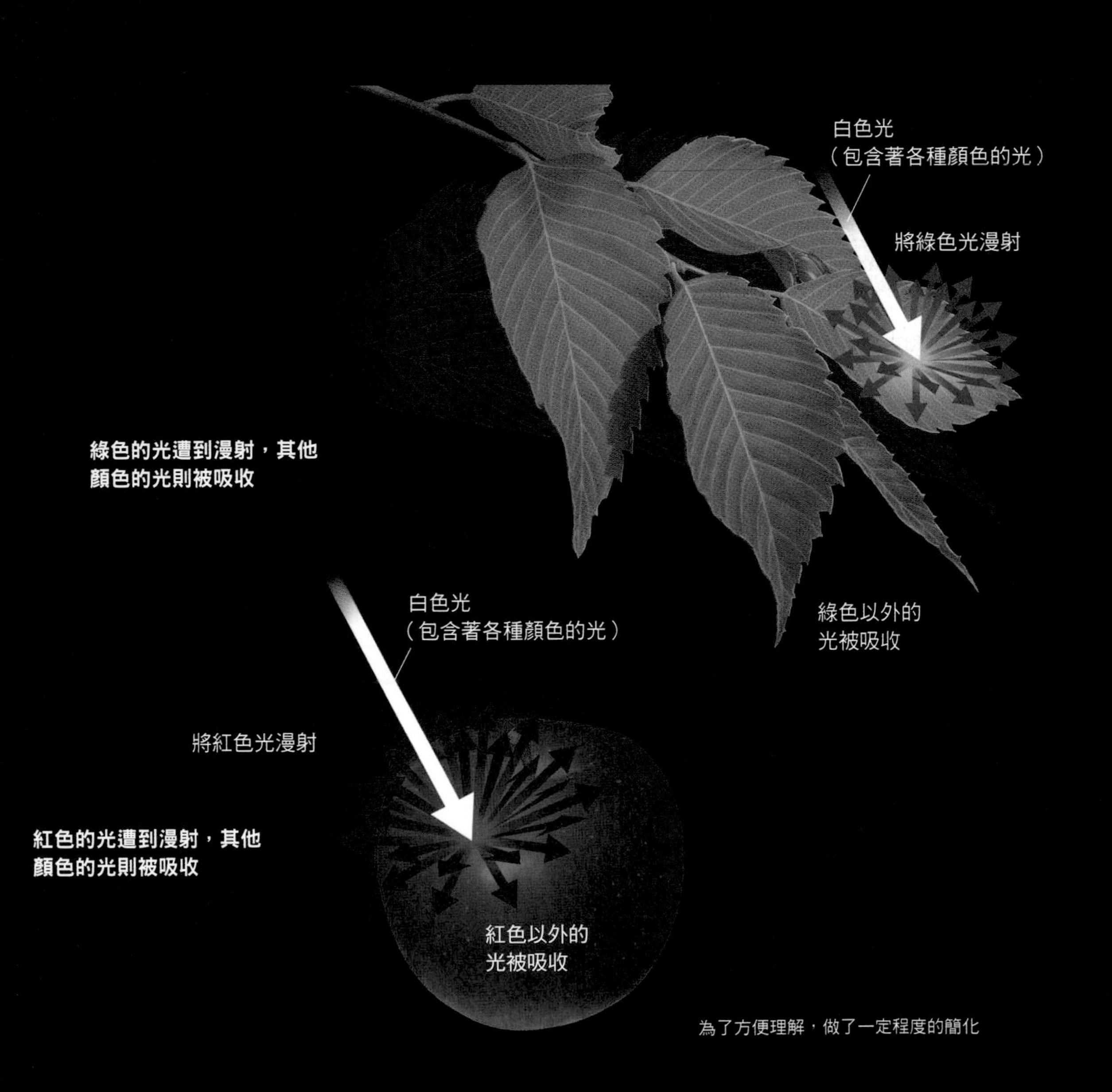


為了方便理解，做了一定程度的簡化

到葉子時，綠色的光被大量反射並進入眼中，因此在我們的認知裡，葉子是綠色的。

那麼白色的物體，比如白紙，又是如何呢？由於所有顏色的光都被這些物體反射了，所以疊加在一起後，看起來是白色的。

大部分的物體，會將光向四面八方反射出去，這樣的反射被稱為「漫射」（diffuse）。由於光會漫射，我們不論站在什麼位置，都能夠將物體映入眼簾。

**我們看見的是漫射後的光**

我們所知道的顏色，其實是照射在物體上的白色光裡未被吸收而漫射出的光的顏色。

**白紙會將各種顏色的光朝四面八方散開（漫射）**

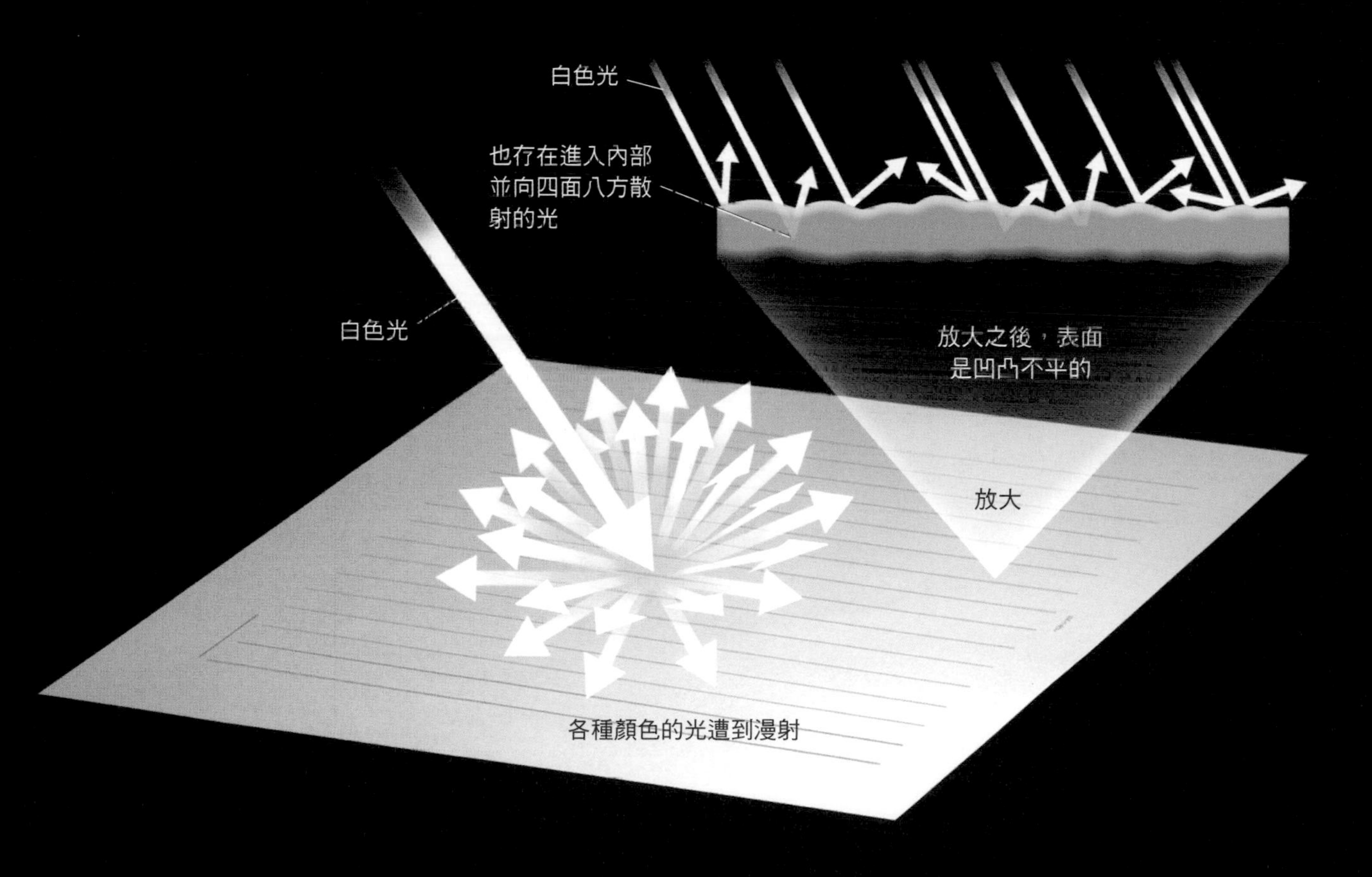

Column

Coffee Break

# 透過全反射散發美麗光彩的鑽石

能緊緊抓住人心，有寶石之王美名的鑽石，它閃閃發光的祕密究竟是什麼呢？

裝飾用的鑽石中，有些以「明亮式切割法」進行研磨，因而有著獨特的形狀。經過明亮式切割法的鑽石，如果自上方受到光線的入射，光線非但不會穿過鑽石的底部，反而會在進入內部後，幾乎全部於底面產生反射，並再度射出鑽石外。由於能穿過底面並逃脫的光非常稀少，鑽石藉由反射出的光而閃閃發亮。明亮式切割法正是為了盡可能讓更多光在底面經過全反射，而設計出的切割法。

另外，由於鑽石能和稜鏡一樣將白色光依照顏色分解（造成色散），因此會閃耀著五顏六色的光。

**鑽石與全反射**

將入射光全部反射出去的現象，稱為「全反射」。鑽石能夠散發出美麗的光彩，是由於在入射角很小時（25～90度）也能發生全反射，以及白色光被分解成不同顏色的光的關係。

白色光
經過明亮式切割法
的鑽石的示意圖
頂面
白色光
被分解成
不同顏色
全反射
（沒有透射光）
全反射
（沒有透射光）
底部
亮晶晶並散發著
七彩光芒的鑽石

光所具備的各種性質

# 為何天空在白天是藍色的，日落時卻是紅色的？

## 藍色的光經過散射，大量的進入我們眼中

太陽光在空中會受到空氣分子的影響，而產生些微的「散射」。所謂散射，指的是分子、塵埃或是微小的水滴這類四散在空氣中的微小粒子，遭到光的碰撞時，將光分散向四面八方的性質。

目前已知波長越短的光，在碰觸到空氣中的分子時，越容易產生散射。也就是說，在太陽光的成分中，紫色和藍色的光更容易產生散射，所以看

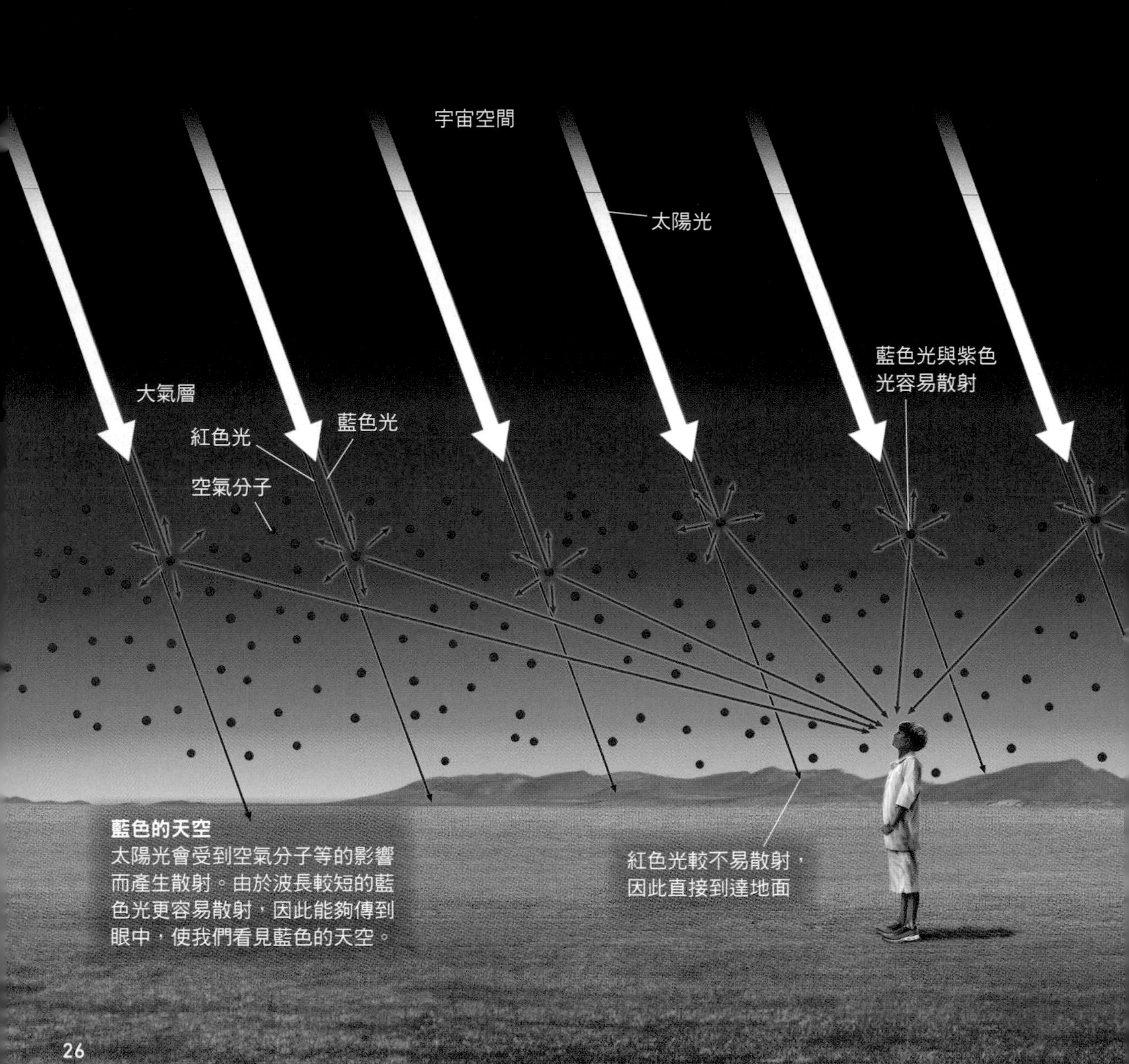


**藍色的天空**
太陽光會受到空氣分子等的影響而產生散射。由於波長較短的藍色光更容易散射，因此能夠傳到眼中，使我們看見藍色的天空。

向空中時，這些顏色的光會進入我們的眼睛。而人眼對藍色光的感受度高於紫色光，因此白天的天空看起來是藍色的。

不過到了日落時分，太陽會下沉到地平線附近。因為這個原因，太陽光傳到我們的眼睛需要經過一段較長的距離。波長較短的藍色光會更快散射掉，因此在行走這段距離的過程中流失，使得夕陽時分的太陽光偏向紅色。而原本不易散射、波長較長的紅色光，在長距離的移動中也多少會產生散射。因此，日落時的天空在我們眼中是紅色的。

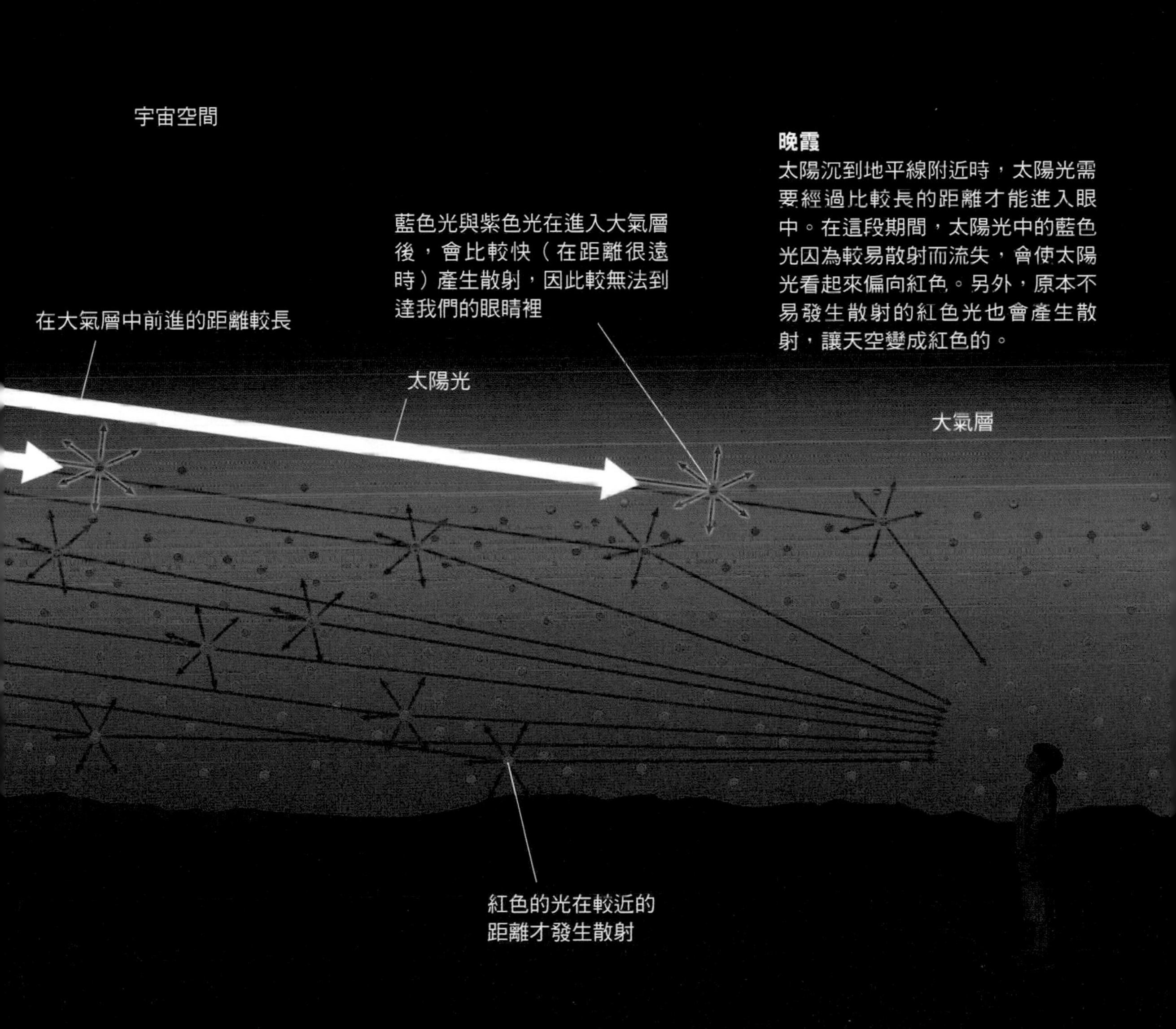

# 肥皂泡泡的顏色是怎麼形成的呢？

## 光波之間會互相加強，也會互相削弱

### 肥皂泡神祕的顏色來自於光的干涉

下圖中，在肥皂泡的底面產生反射的光（A），會比從表面反射的光（B）多走一段X-Y-Z的距離，並發生干涉現象。而X-Y-Z會根據薄膜相對於眼睛的角度不同而改變，進而影響干涉的結果。

在我們的身邊，其實有著許多不可思議的顏色，比如肥皂泡的顏色。

就像前面介紹過的，光是一種波，並有著「波峰」和「波谷」。兩個波重疊時，如果峰和谷的位置一致，那麼峰和谷的高度（深度）會變成原本的2倍。相反的，如果兩個波的步調不一致，使得一個波的峰剛好碰上另一個波的谷的話，兩個波之間就會互相抵銷。像這種複數個波疊加在一起，互相加強或是互相削弱的現象，稱為「干涉」。

當肥皂泡受到白色光的照射，有些光會在薄膜的表面上產生反射，也有些光會在膜的底部產生反射。這些光會互相干涉並傳到我們的眼中，而透過干涉互相加強的色光看起來比較明亮，反之則比較黯淡。在肥皂泡上的各個地方，光從膜底部反射出來所經過的距離各不相同，因此各個顏色的明亮程度也會跟著改變，這就是為什麼肥皂泡的顏色會如此的不可思議。

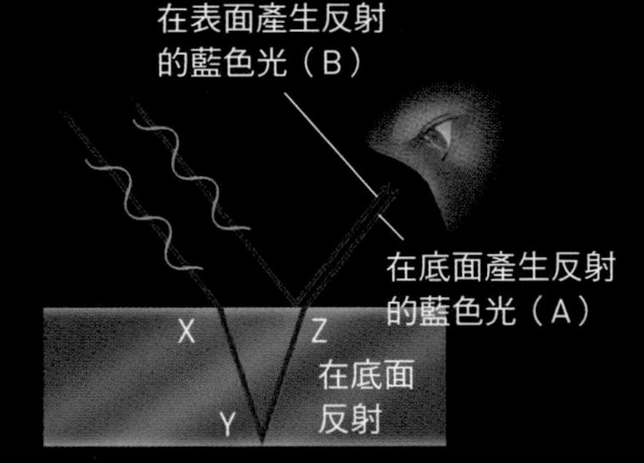


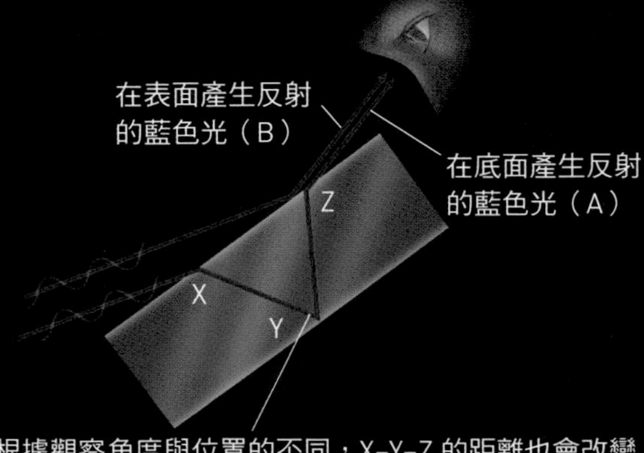


根據觀察角度與位置的不同，X-Y-Z 的距離也會改變

顏色有如彩虹的肥皂泡

兩波步調剛好一致，透過干涉互相增強的情形

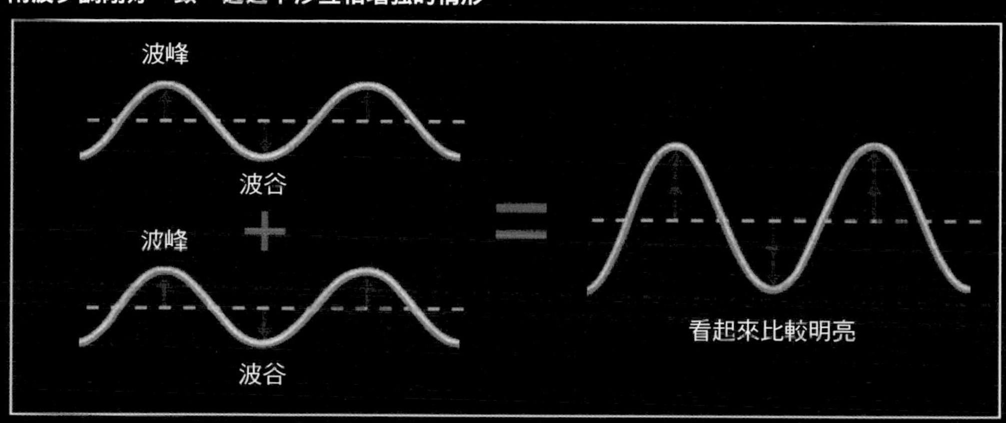


兩波步調不一致，透過干涉互相削弱的情形

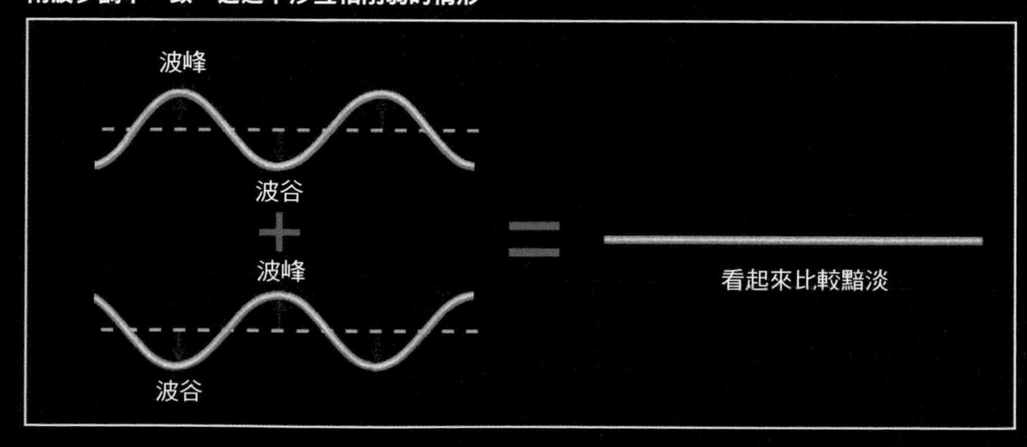

光所具備的各種性質

# 穿過縫隙後擴散開來的光

## 就像海浪一樣，能繞到障礙物的後面

如果對著池塘丟一顆石頭，池塘中會出現向外擴散的漣漪。像這樣在某一場所引起振動，而這個振動接著向周圍一面擴散，一面傳遞出去，這就是波的原理。

那要是在向外擴散的途中遇到障礙物的話，波會如何前進呢？

不妨想像一個有著細小縫隙的防波堤，在這種情況下，海浪會穿過防波堤上的縫隙，以扇形的形狀發散，最後繞到防波堤的後方，並繼續前進。

光的特性就跟波一樣，當通過一道細縫，或是撞到一個小小的障礙物之後，光會在該處扇形發散並繼續前進，這個性質稱為「繞射」。不過，光的繞射只有在經過非常狹窄的縫隙時才會發生。

波的前進方向

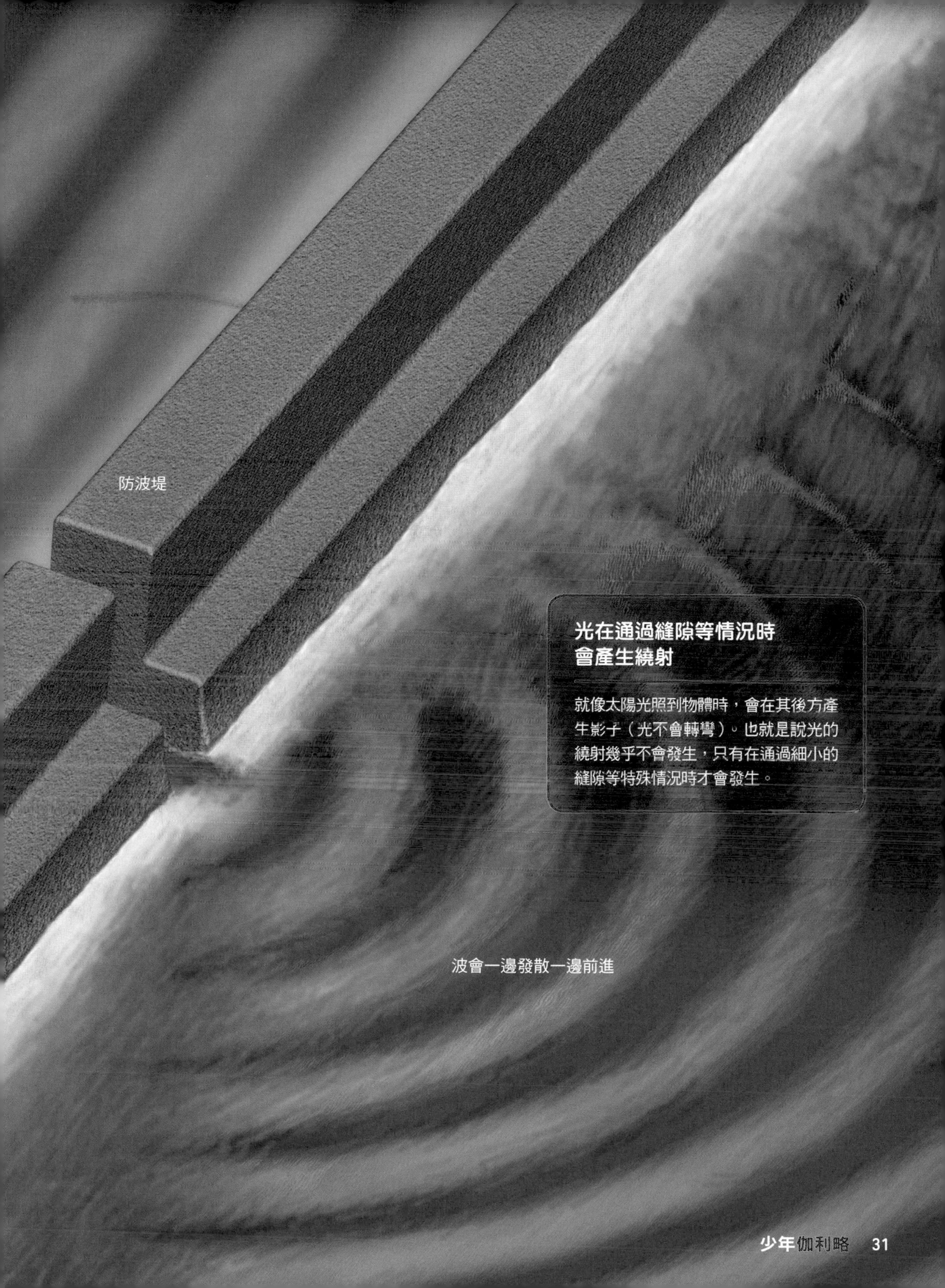


## 光在通過縫隙等情況時會產生繞射

就像太陽光照到物體時，會在其後方產生影子（光不會轉彎）。也就是說光的繞射幾乎不會發生，只有在通過細小的縫隙等特殊情況時才會發生。

光所具備的各種性質

# 如何證明光是「波」呢？

## 證據是光的干涉產生的條紋圖案！

要證明光是一種波，得利用光的「干涉」與「繞射」的性質。在這邊要介紹一個1807年的實驗。

首先在發著光的「光源」前面放置一個板子，並在上面開一個細縫。於該板子前，再放置一道開有兩條細縫的板子，並在最後面設置一個能映照出光的屏幕。

如果光是波，那就代表它同時具有干涉與繞射的性質，因此經過第一個縫隙的光會以扇形發散，並通過後方的兩個縫隙。而後，在兩個縫隙繞射出的兩道光會互相干涉，發生互相加強或互相削弱，因此在屏幕上可以觀察到條紋交錯的圖案。在這個實驗中，正是觀察到這個條紋模樣而能證明光的本質是波。

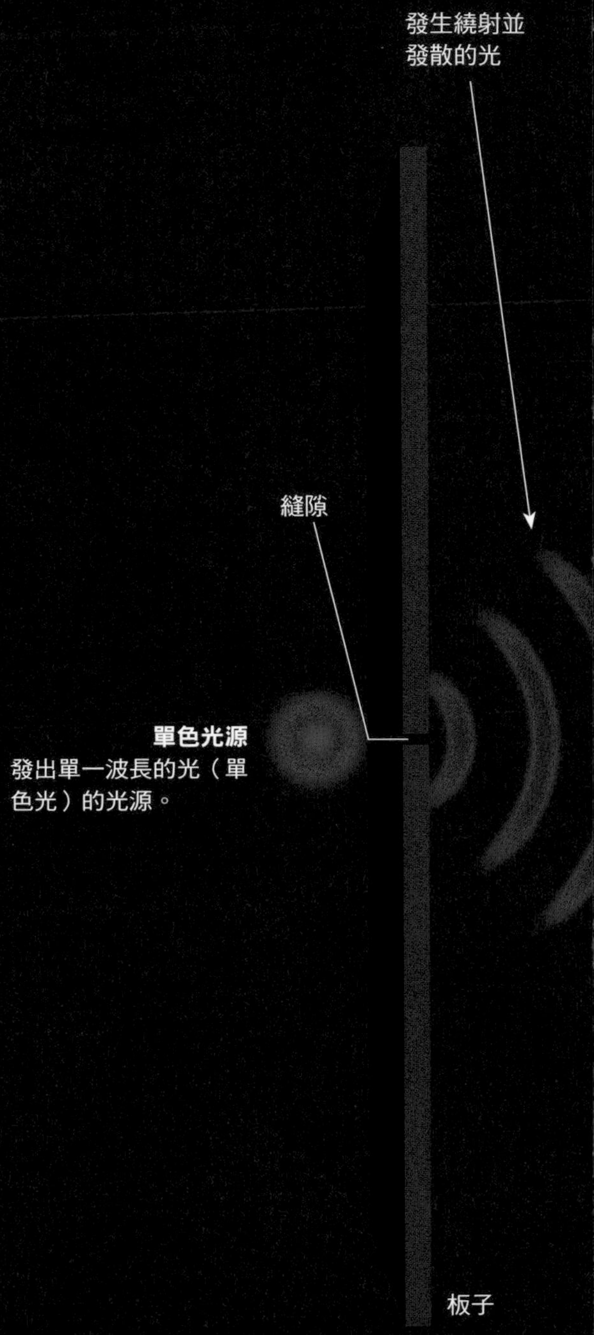

## 光的干涉實驗

光透過以下的干涉實驗，得以證明是波的一種。圖中的黃線代表波的「波峰」。兩個波的波峰互相重疊時，會透過干涉互相加強，因此變得更亮。

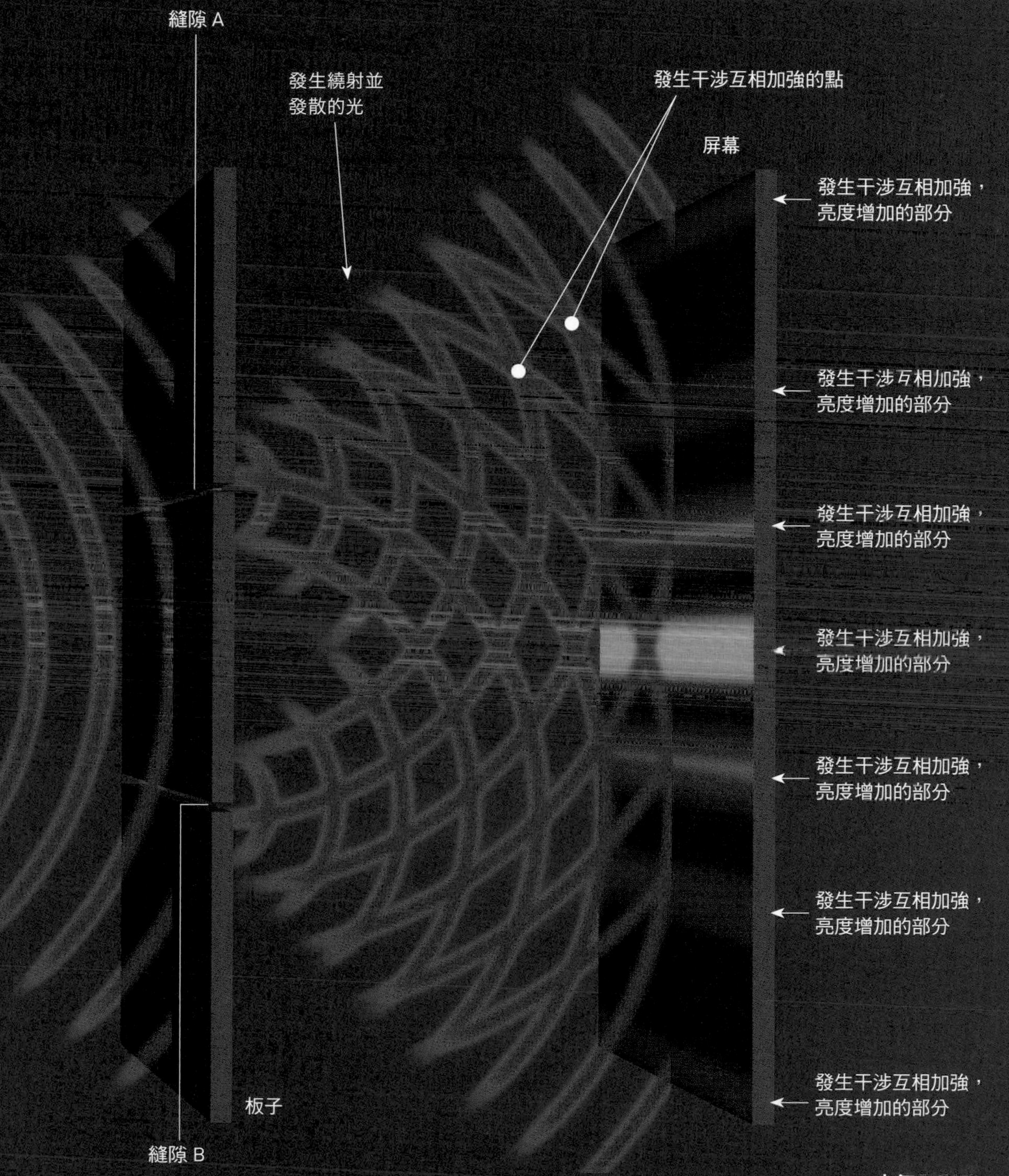

# 火星上的晚霞和早霞是藍色的

火星的白天，天空的顏色紅中帶粉，這是因為大氣中有塵埃的緣故。有一種說法認為，由於這些塵埃中含有氧化鐵的成分，本身就帶著紅色，再加上塵埃的大小較容易對太陽光中的紅色光造成散射，天空才會變成紅色。

另外，由於火星上的大氣比較稀薄，在白天較不易讓太陽光產生散射。不過到了清晨或是日落時，**太陽光會斜斜地射向火星，使光在大氣中傳播的距離變長。因此，太陽光所包含的藍色光將會得到足夠的散射，讓火星的早霞和晚霞變成藍色**。目前已登陸火星的探測車如維京號、精神號和機會號，將這種幻想般的景象拍了下來。

或許有一天，你也有機會造訪火星，親眼見證在粉紅色天空中下沉的藍色夕陽也說不定。

**精神號拍攝的火星晚霞**
精神號於2005年5月19日拍攝到火星上的夕陽。火星的晚霞在太陽附近呈藍色，隨著與太陽的距離增長，顏色會偏向紅色。

看不見的光

# 不論紫外線或無線電波，都是可見光的好夥伴

## 也存在波長比可見光更長或更短的波

到目前為止，我們都是以眼睛能看到的「可見光」為中心進行討論。不過在波之中，也存在著波長比可見光更長或更短的波。

波長比可見光更短的波稱為「紫外線」（紫之「外」），而波長比可見光更長的波稱為「紅外線」（紅之「外」），太陽光裡兩者都有。紫外線會造成皮膚曬黑或斑點，紅外線則應用在暖氣設備，相信大家應該不覺

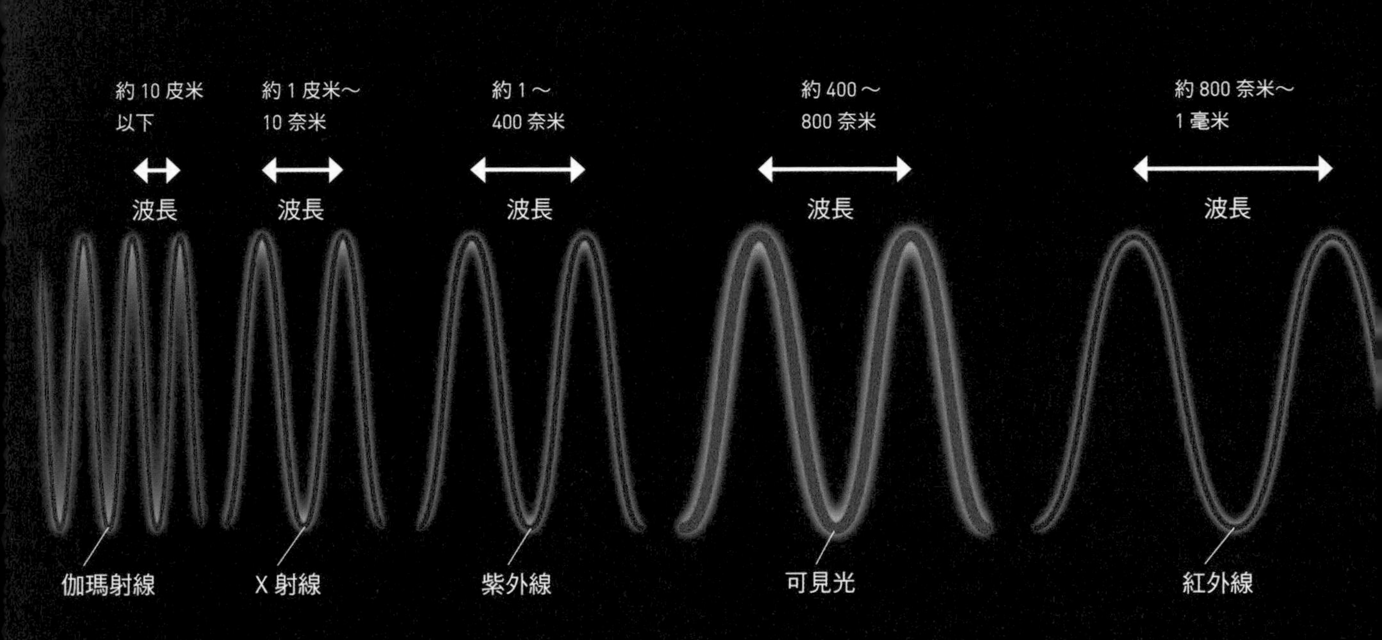


X 光照片的影像

能夠遮蔽紫外線的太陽眼鏡

得陌生。

若讓波長從紫外線再進一步縮短，就會變成X光照片中使用到的「X射線」，再縮短的話就會成為放射性物質所釋放的「伽瑪射線」。另一方面，若是波長變得比紅外線更長，就會成為「無線電波」。生活中許多不可或缺的家電產品或通訊設備，比如微波爐、電視或行動電話等，都是無線電波的應用實例。

這些波都是可見光的好夥伴，之後將這些統稱為「光」吧（更準確地來說，應該稱為「電磁波」）。

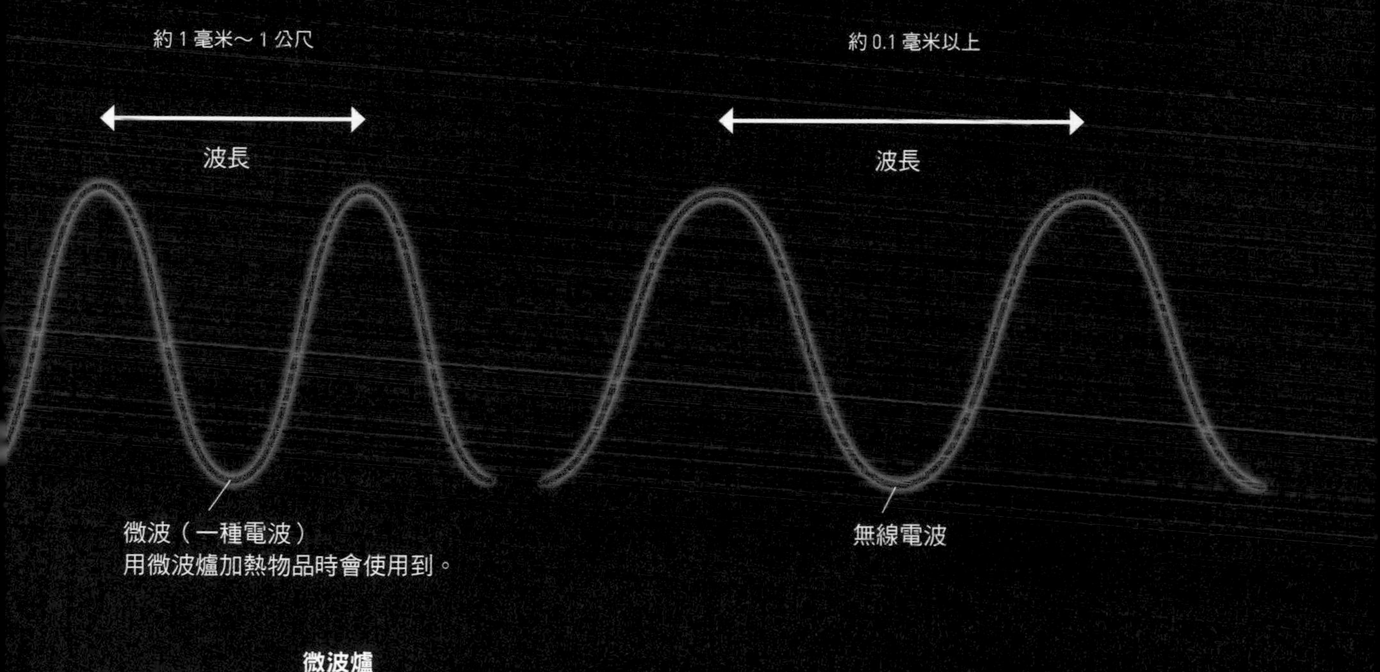


※1奈米是100萬分之1毫米。
1皮米是10億分之1毫米。

※每一種波的波長範圍並沒有嚴格的界線，彼此間也會有部分重疊。另外，圖中波的波長並非依照實際的比例繪製。

# 光是自然界中第一名的「飛毛腿」

## 光在 1 秒鐘內可以繞地球 7 圈半

光以每秒約30萬公里的速度前進，而地球的赤道 1 圈約為 4 萬公里。什麼？光在 1 秒間竟然能夠繞行地球 7 圈半呢。

這種壓倒性的速度，是車輛、聲音甚至超音速飛機都無法比擬的。光在真空中的速度（光速），是自然界中最快的，沒有物體能夠超越這個速度。光速的近似值，在1849年由法國的科學家斐索（Hippolyte Fizeau，

**人**（短跑運動員博爾特）
秒速約 10 公尺／時速約 36 公里
（光速的 3000 萬分之 1）

**車**（跑車）
秒速約 100 公尺／時速約 360 公里
（光速的 300 萬分之 1）

**聲音**
秒速約 340 公尺／
時速約 1224 公里
（光速的 88 萬分之 1）

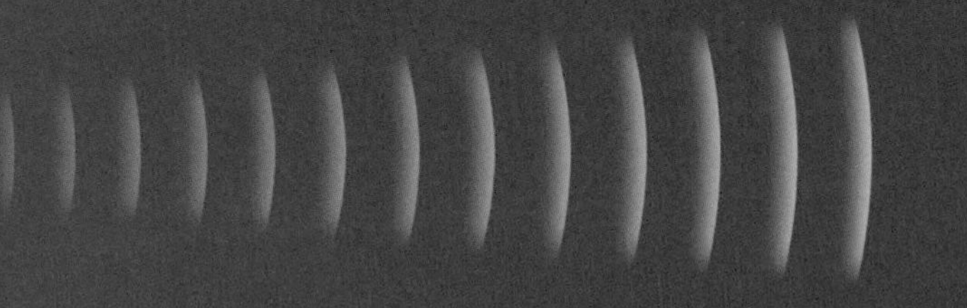

**超音速飛機**（2 馬赫）
秒速約 680 公尺／
時速約 2448 公里
（光速的 44 萬分之 1）

1819～1896）於實驗中測得。

在這之後，英國的科學家馬克士威（James Clerk Maxwell，1831～1879）發現「電磁波」前進的速度大約是每秒30萬公里。這個數值，與當時已知光的速度一致。於是馬克士威提出一個想法，也就是「光是電磁波的一種」。在下一頁中，會簡單說明這個聽起來很複雜的「電磁波」。

**光速是自然界中的最高速度！**

光速極為快速，高達每秒30萬公里。跟我們熟悉的物體速度一比，馬上就能理解其速度有多麼誇張，因此光速被稱為自然界中的最高速度。

**光**
秒速約 30 萬公里／
時速約 10 億 8000 萬公里

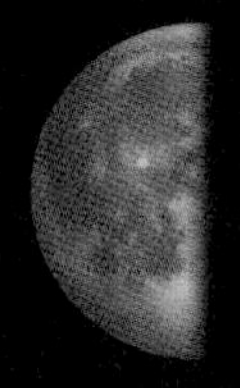

看不見的光

# 與光具有相同速度的「電磁波」是什麼？

## 它的真實身分，是與電力和磁鐵相關的波

電磁波一言以蔽之，就是電力與磁力產生的波。或許你會認為電力與磁力是不相關的兩件事物。不過實際上，電力與磁力就像是「雙胞胎兄弟」，彼此之間會互相影響。

就像磁鐵的周圍會受到磁力的影響而產生「磁場」一樣，在帶著靜電的物體周圍，也會因電力的影響展生「電場」。磁場和電場，其實會伴隨著彼此產生並造成變化。

**電力與磁力會對彼此產生影響**
在導線的附近，電流會以順時針繞著前進方向產生磁場，而指南針也會指出磁場方向。另外，如果將磁鐵靠近線圈，磁鐵的附近就會產生電場，並在線圈上產生電流。

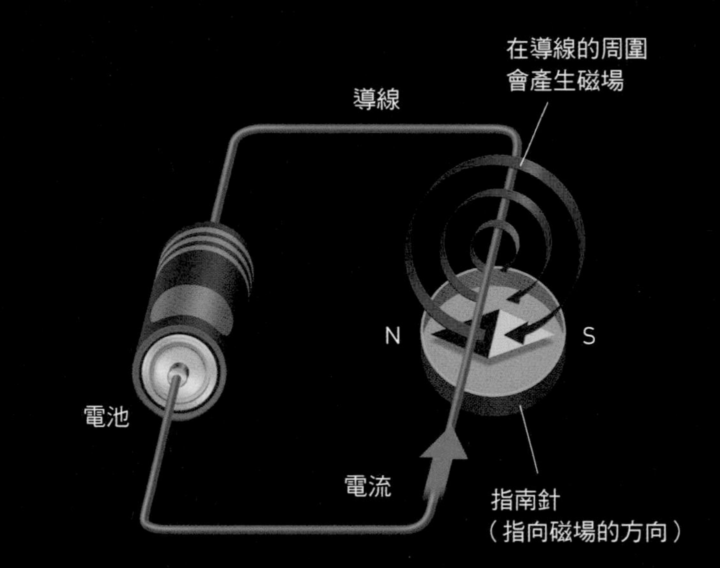


**電磁波是電力與磁力產生的波**
透過電場與磁場的相伴相生而不斷前進的波就是電磁波。右邊的電磁波是向右前進的，而且電場與磁場的方向互相垂直。

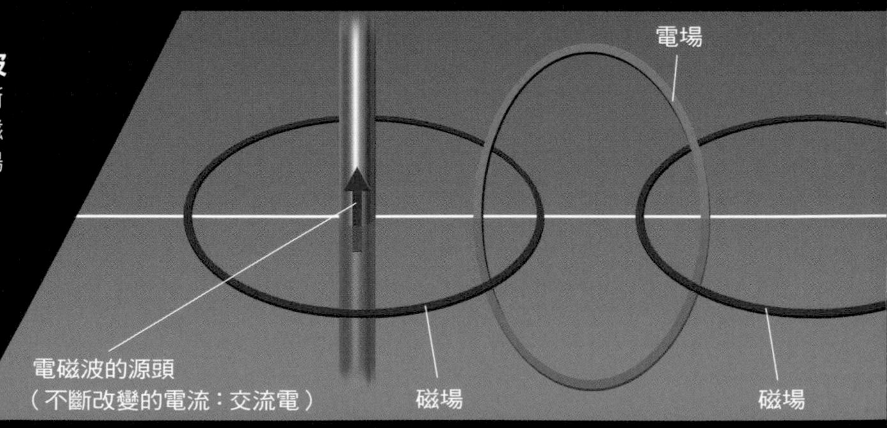

電流流經某處時，會在該處的周圍產生磁場。簡單來說，如果改變這個電流的大小或是方向（這種電流稱為「交流電」），電場與磁場就會以電場、磁場、電場、磁場……的順序，不斷的伴隨著彼此產生。

所謂的電磁波即是透過電場與磁場持續相伴相生，並且像波一樣前進。

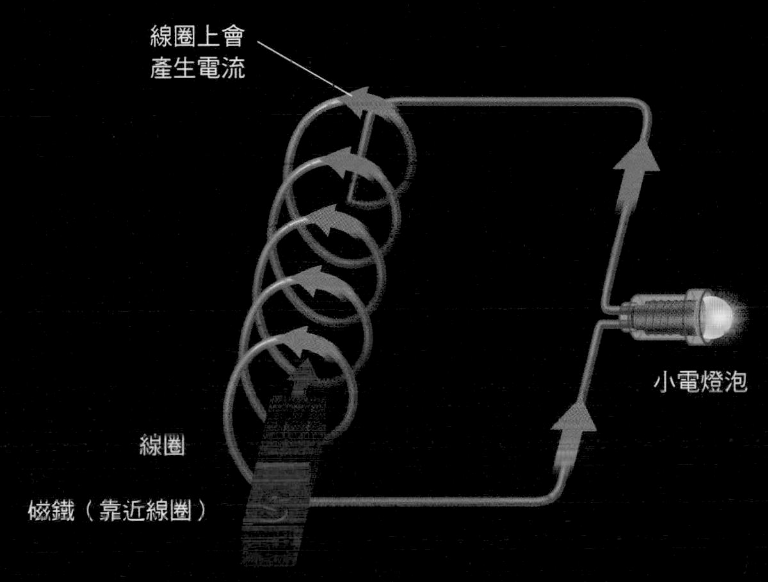


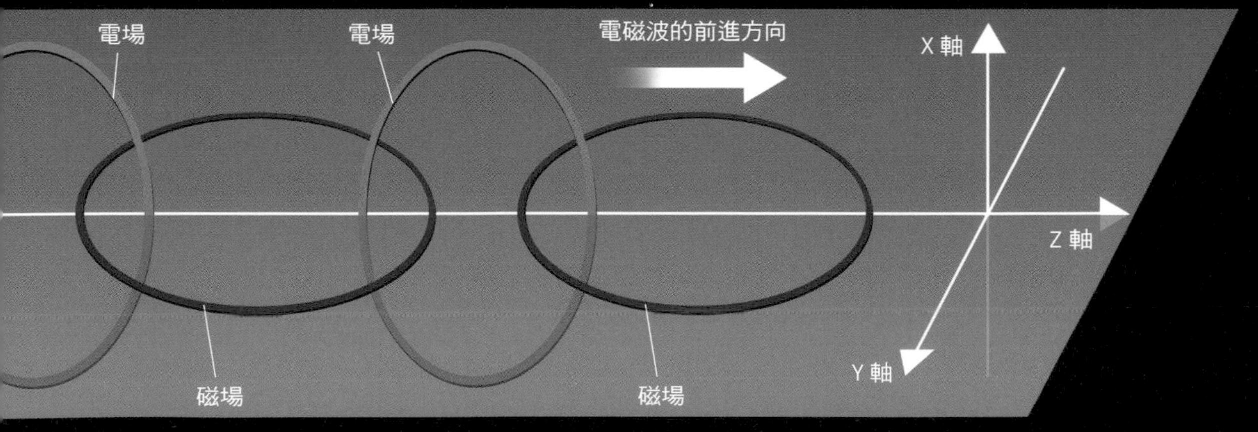

Column

Coffee Break

# 光速是這樣測定的

第一個測得光速數值的人是斐索（參考第38頁），不過他是用什麼方法測量的呢？

斐索其實是用高速旋轉的齒輪來測定光速。首先，他將光從光源導向旋轉中的齒輪。從齒輪的縫隙中穿過的光（**1**），會從放置在遠方的鏡子反射回齒輪的位置。在光於齒輪以及反射鏡之間來回的時間裡，齒輪會稍微向前轉動一些。如果能夠將旋轉數調整到適當的程度，讓齒輪在這段時間中剛好前進半格，那麼折返回來的光就會被齒輪擋住（**2**）。此時，觀察者的視野會變暗。

若是再將旋轉數提升，讓齒輪在光往返的期間內正好前進 1 格。此時反射光亦能夠通過齒輪的空隙，因此視野會顯得非常明亮（**3**）。

斐索透過實驗中，視野變亮與變暗時條件的不同，計算出光的速度是每秒31萬公里，這個數值與正確值相當接近。

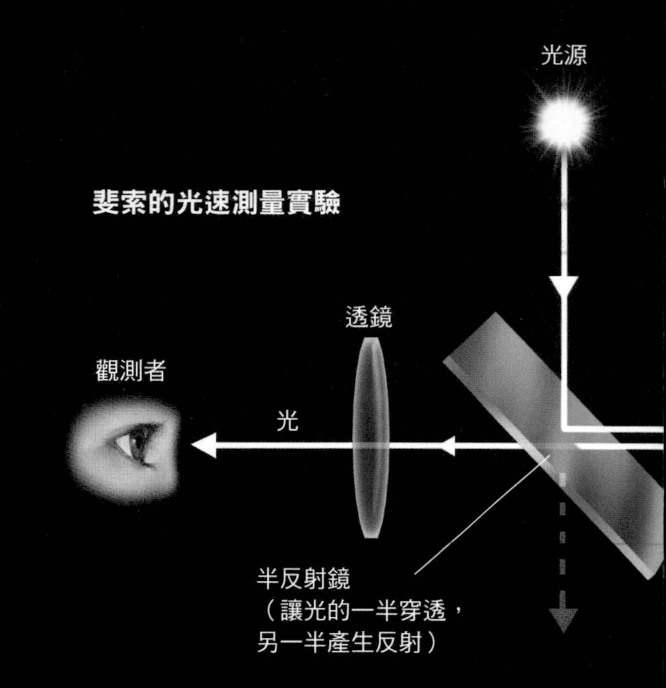

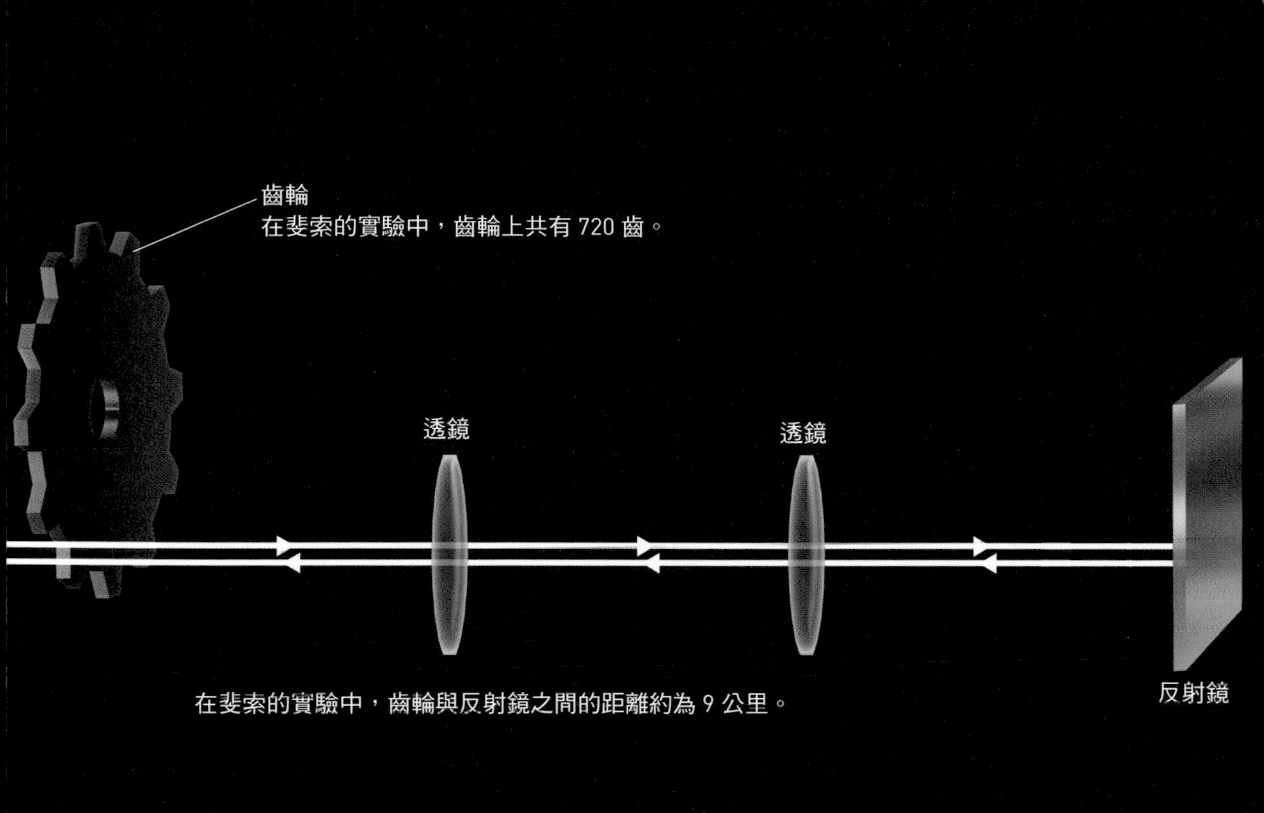


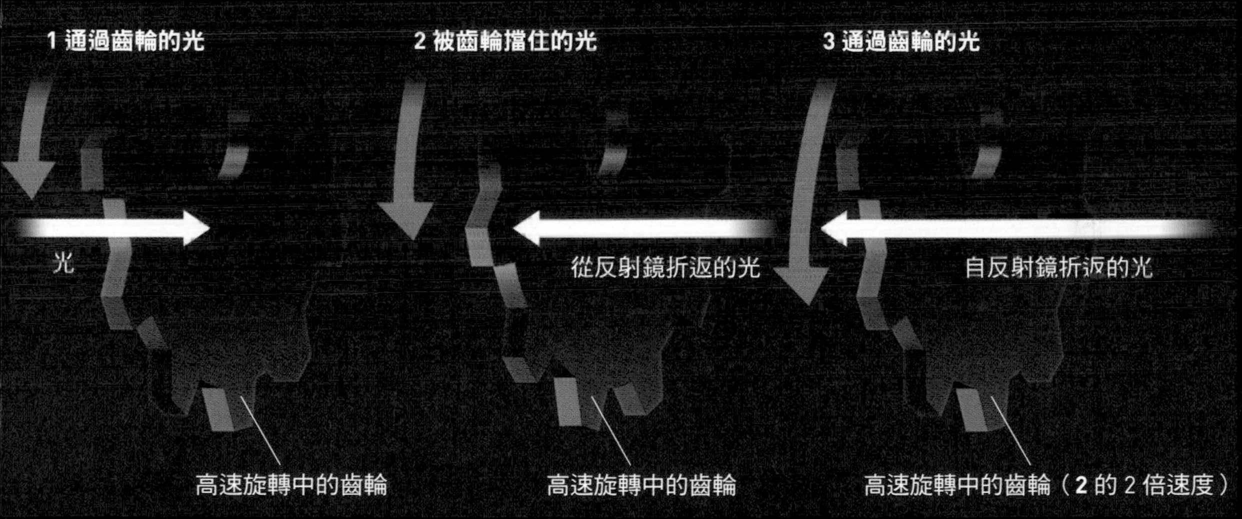


其實，一開始（「去程」的階段）被齒輪擋住的光，本來就無法抵達觀測者的眼睛。如果連在去程通過齒輪的光，也在折返時被齒輪遮住，那麼視野就會變暗。

生活周遭的電磁波

# 天線是如何發出無線電波的呢？

## 天線透過電子的振動產生無線電波

從這邊開始，來認識生活中的種種電磁波。

如同第40頁所描述的，電磁波產生於交流電流過的地方。所謂交流電（簡稱AC），是指流動方向不斷交互變換的電流。

若是將電流放大仔細看，就會發現電流是帶有負電的電子所產生的流動。也就是說在交流電中，電子的移動方向時時刻刻都在變換，因此產生

### 釋放出電磁波的粒子

當帶有電荷的粒子振動時，就會產生電磁波。圖中所示為天線產生無線電波的例子。

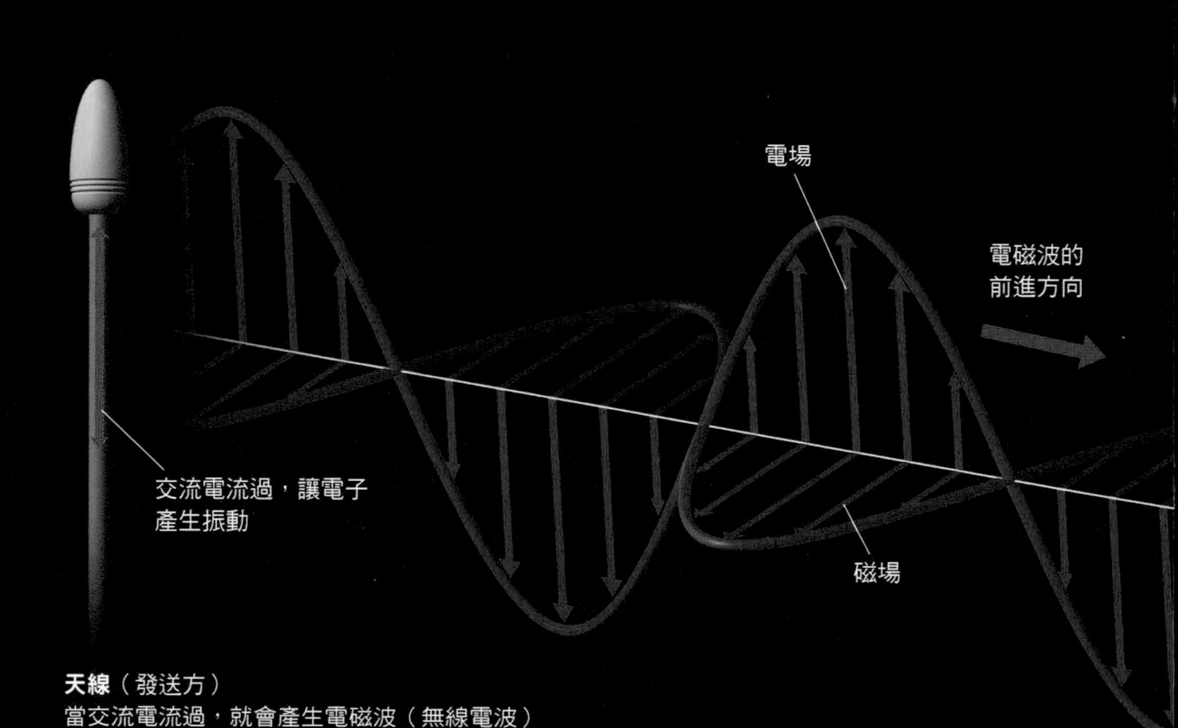


**天線**（發送方）
當交流電流過，就會產生電磁波（無線電波）

振動。

像電子這種帶著正電荷或負電荷的粒子（比如質子或離子等），因速度與方向的變化產生振動時，就會產生電磁波。常見的天線就是一個例子，當交流電流經天線，天線中的電子受到振動，就會因此發出無線電波。

除了天線的無線電波，透過改變電子的振動情形，能夠產生紅外線、可見光、X射線等各式各樣的電磁波。

電子振動時，就會釋放出電磁波

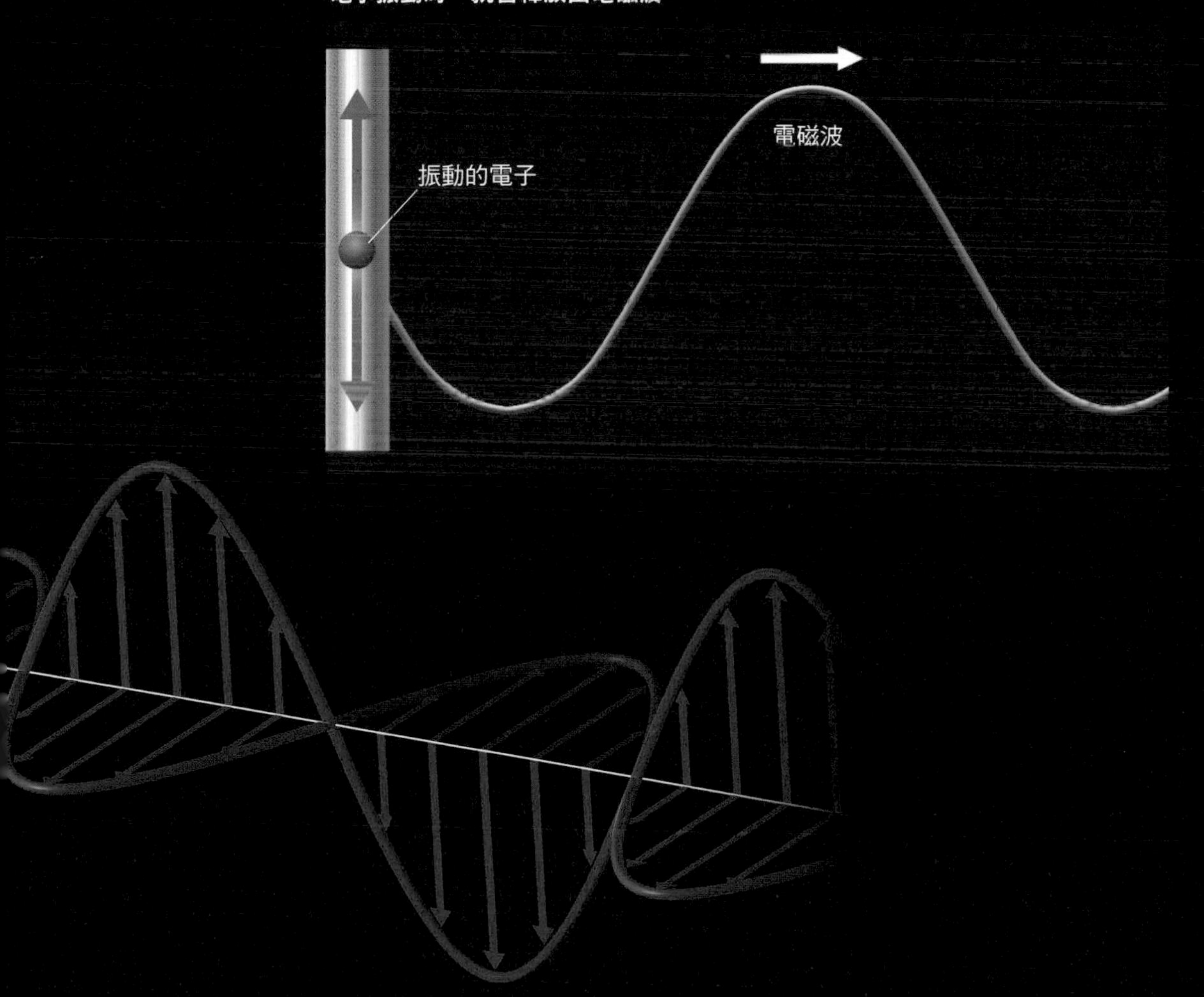

生活周遭的電磁波

# 為什麼微波爐能夠加熱食物呢？

## 無線電波能夠讓食物中的分子產生振動，並提升溫度

當電子之類帶有電荷的粒子發生振動時，就會產生光（電磁波）。相反的，**光能夠讓電子等帶有電荷的粒子產生振動**。

比方說，當天線接收到無線電波時，天線中的電子就會振動並產生電流。而微波能夠振動構成物質之分子中所含有的電子，進而振動整個分子。當分子的運動變得激烈，溫度就會跟著上升，於是物質就被加熱了，

無線電波能夠振動電子，並產生電流

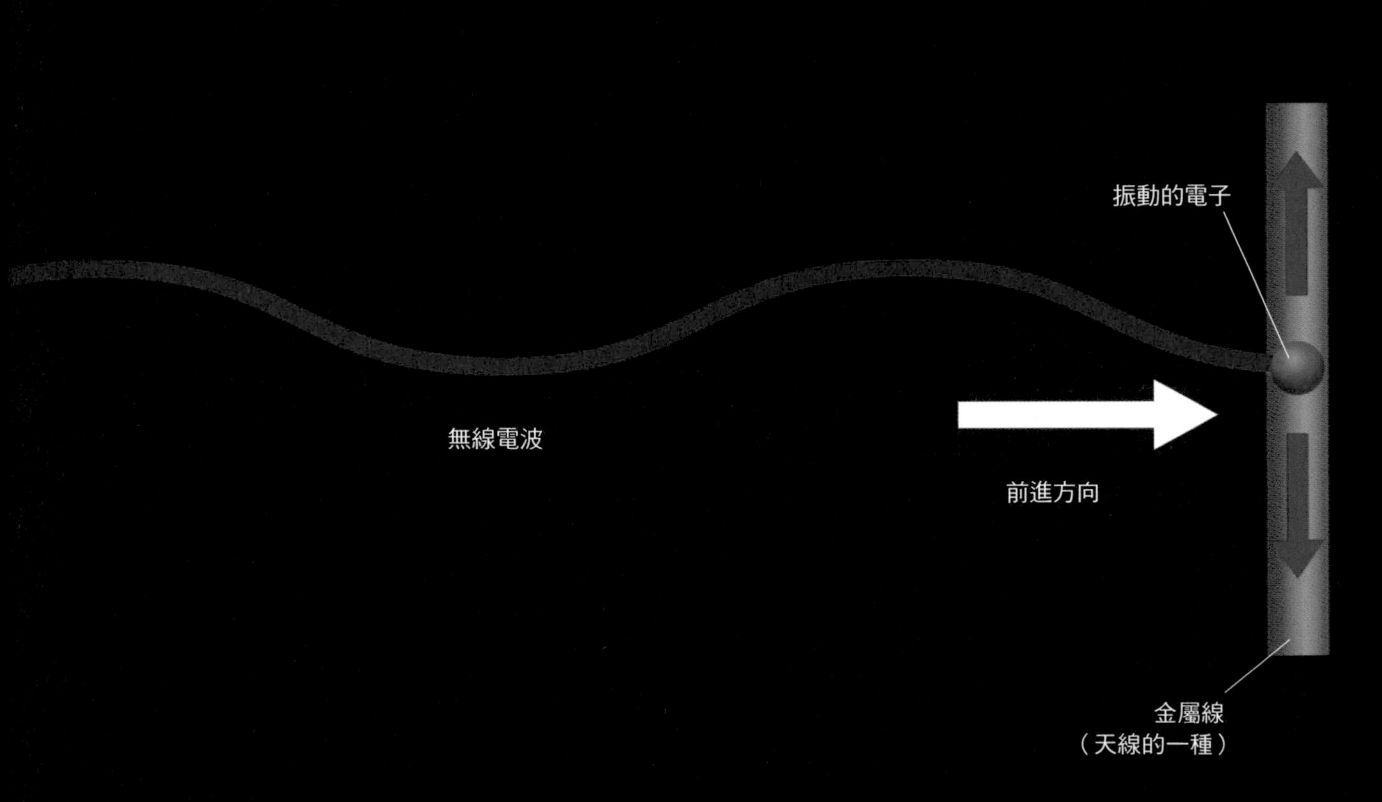

這即是微波爐的運作原理。

可見光還能夠振動視網膜上分子中的電子，並讓這些分子的結構產生改變。這個改變會轉化成訊號，並傳遞到大腦。

紫外線、X射線與伽瑪射線能將分子中的電子彈開，或是破壞分子中的化學鍵。如果生物體內細胞的DNA照射到這些電磁波的話，DNA就會因此受損。

當光振動物質中的電子時，光的一部份會以能量的形式轉移到物質上，因此才會發生上述變化。

**光能夠振動電子**

光透過振動物質中的電子，能讓各式各樣的物質產生變化。圖中所描繪的，是無線電波或紅外線讓電子產生振動的例子。

**紅外線或微波，能夠透過分子的振動來加熱物質**

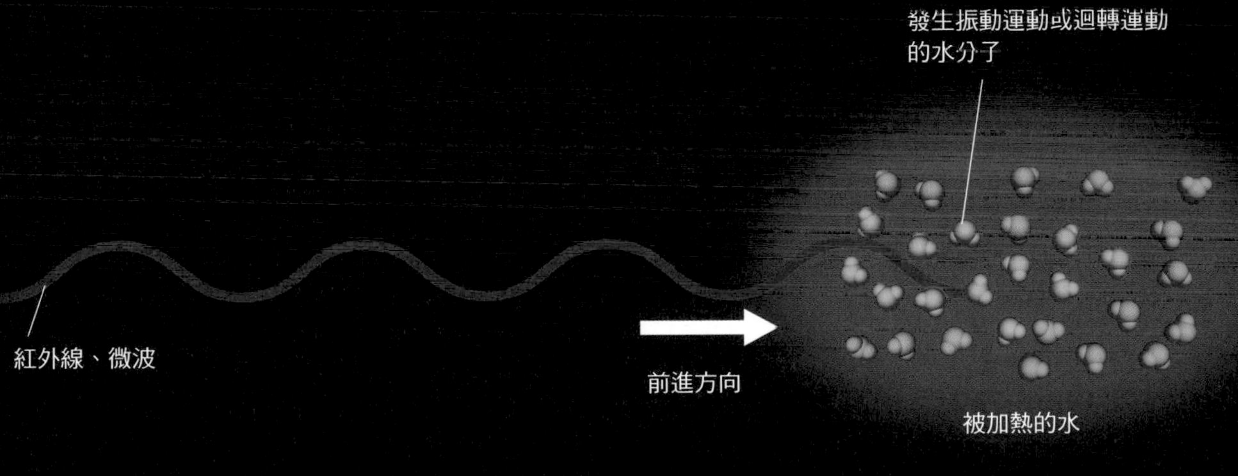

發生振動運動或迴轉運動的水分子

紅外線、微波

前進方向

被加熱的水

紅外線能夠讓各式各樣的分子產生振動運動。波長比紅外線稍微長一點的「微波」（無線電波的一種），能夠讓水分子產生迴轉運動。微波爐正是利用這個性

生活周遭的電磁波

# 我們的身體正在釋放紅外線

## 溫度越高的物體，釋放出的紅外線就越多

紅外線能夠將物體加熱。相對來說，我們生活周遭的物體，也會根據溫度的不同釋放出不等量的紅外線。

比如紅外線暖爐，正是透過電流流經加熱器，使其溫度上升，並釋放出大量的紅外線。另外，雖然平時渾然不覺，其實人體也會釋放紅外線。

更高溫的物體，比如煉鐵時使用到的高爐，能夠釋放出波長比紅外線還

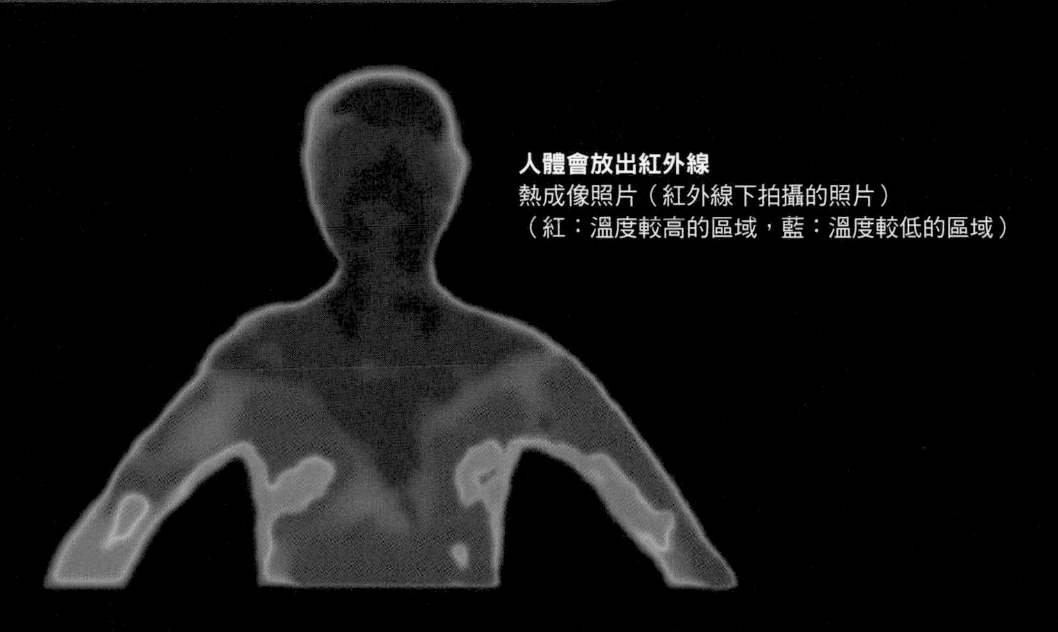

**人體會放出紅外線**
熱成像照片（紅外線下拍攝的照片）
（紅：溫度較高的區域，藍：溫度較低的區域）

**高溫的鐵能夠發出可見光**
高溫的物體能夠釋放可見光，
並根據溫度發出不同顏色的光。

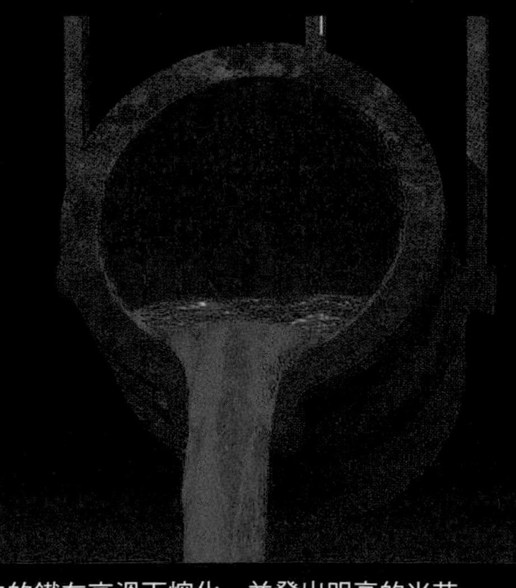

高爐中的鐵在高溫下熔化，並發出明亮的光芒

要短的可見光，看起來相當刺眼。溫度越高，光裡面波長短的成分就會跟著增加，因此光的顏色會隨溫度改變。600℃左右時是明亮的紅色，800℃左右時是橙色，1000℃左右時是黃色，到了1300℃以上時看起來則是白色的。

在溫度越高的物質中，原子與分子的運動會越激烈，因此挾帶著更多的能量。而波長越短的光，能夠運載越大的能量，因此，溫度越高的物質，釋放的光的波長就會越短（熱輻射）。

**物質會隨著溫度改變而發光**

物質會根據溫度的不同，發出相對應的光（如紅外線或可見光）。溫度越高的物質，會釋放出能量越高（波長越短）的光。

**白熾燈泡也會進行熱輻射**
白熾燈泡中的燈絲，也是因為高溫而釋放出可見光。

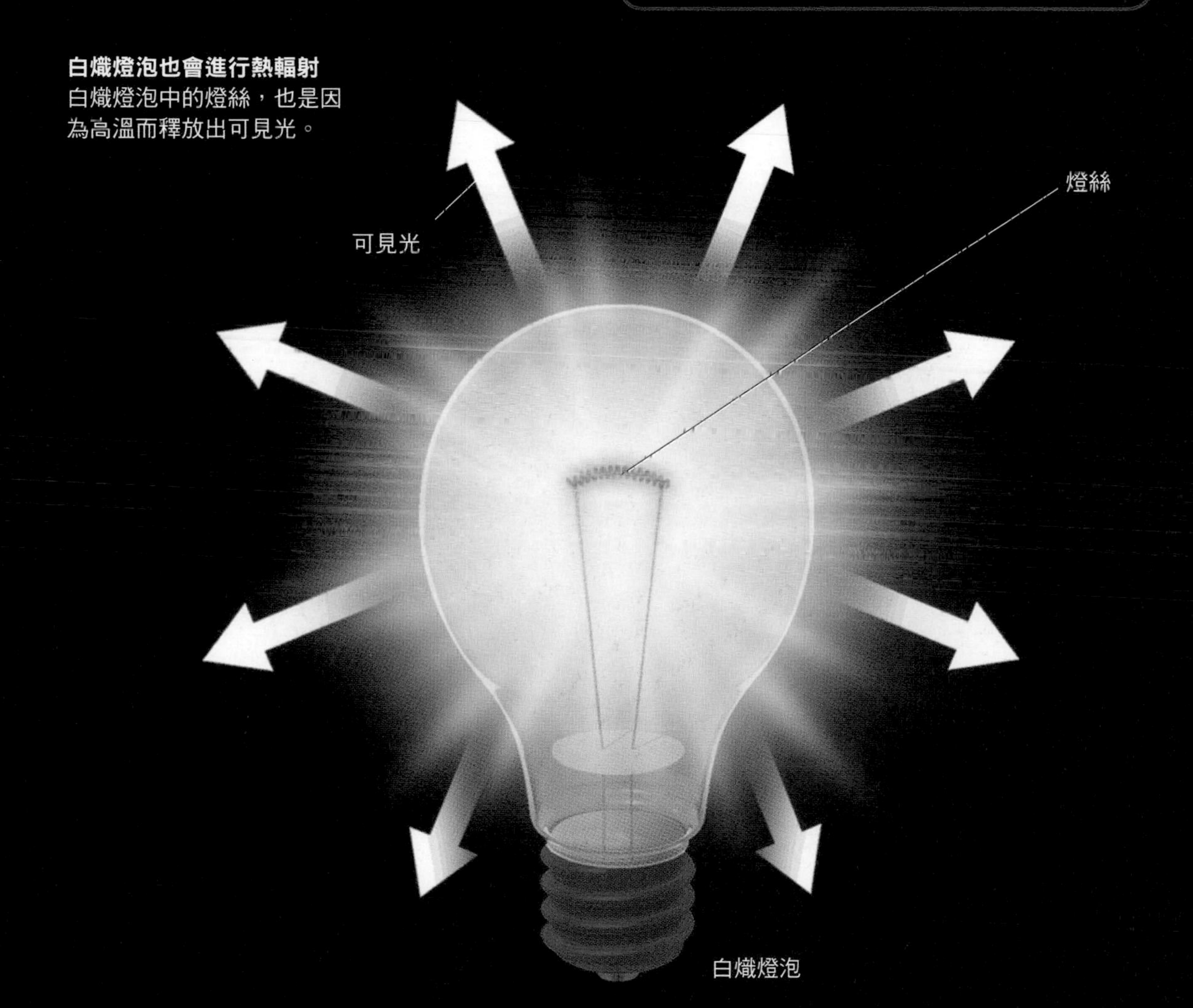

生活周遭的電磁波

# 有些恆星是紅色的，有些卻是藍色？

## 恆星會依據表面溫度而釋放不同顏色的光

溫度越高的物質，能夠釋放出能量越大（波長越短）的光。而大部分常見的物體，其溫度都只夠釋放紅外線。不過，宇宙中的情況又是如何呢？

宇宙裡有許多像太陽一樣會自己產生光芒的「恆星」。恆星透過核融合反應達到非常高的溫度，並從星球的表面釋放出可見光。

由於溫度越高，釋放出的光中會有更多波長較短的可見光，因此隨著表面溫度的變化，恆星的顏色也會改變。舉例來說，表面溫度為3300℃左右的恆星是紅色的，6300℃左右的恆星看起來則是黃色的。溫度超過1萬℃的恆星，顏色則會由白轉藍。在夜空中散發光芒的星星，有的是紅色的，有的是藍白色，每顆星星的顏色都不一樣，就是因為這個緣故。

### 恆星顏色取決於表面溫度不同

像太陽這樣的恆星，由於溫度非常高，因此能發出可見光。而由於可見光顏色會隨著溫度而改變，星星的顏色也就會因表面溫度而隨之變化。

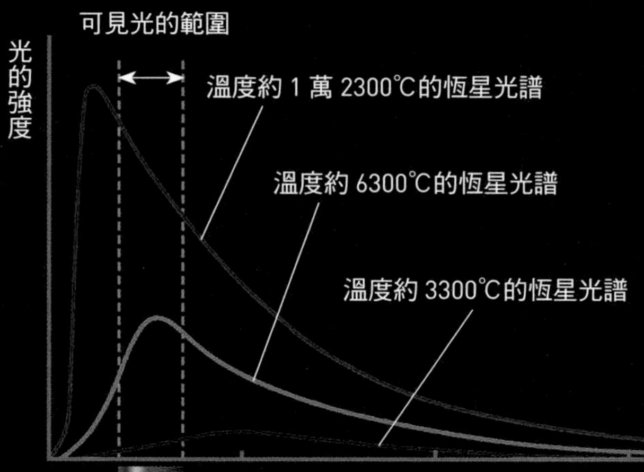

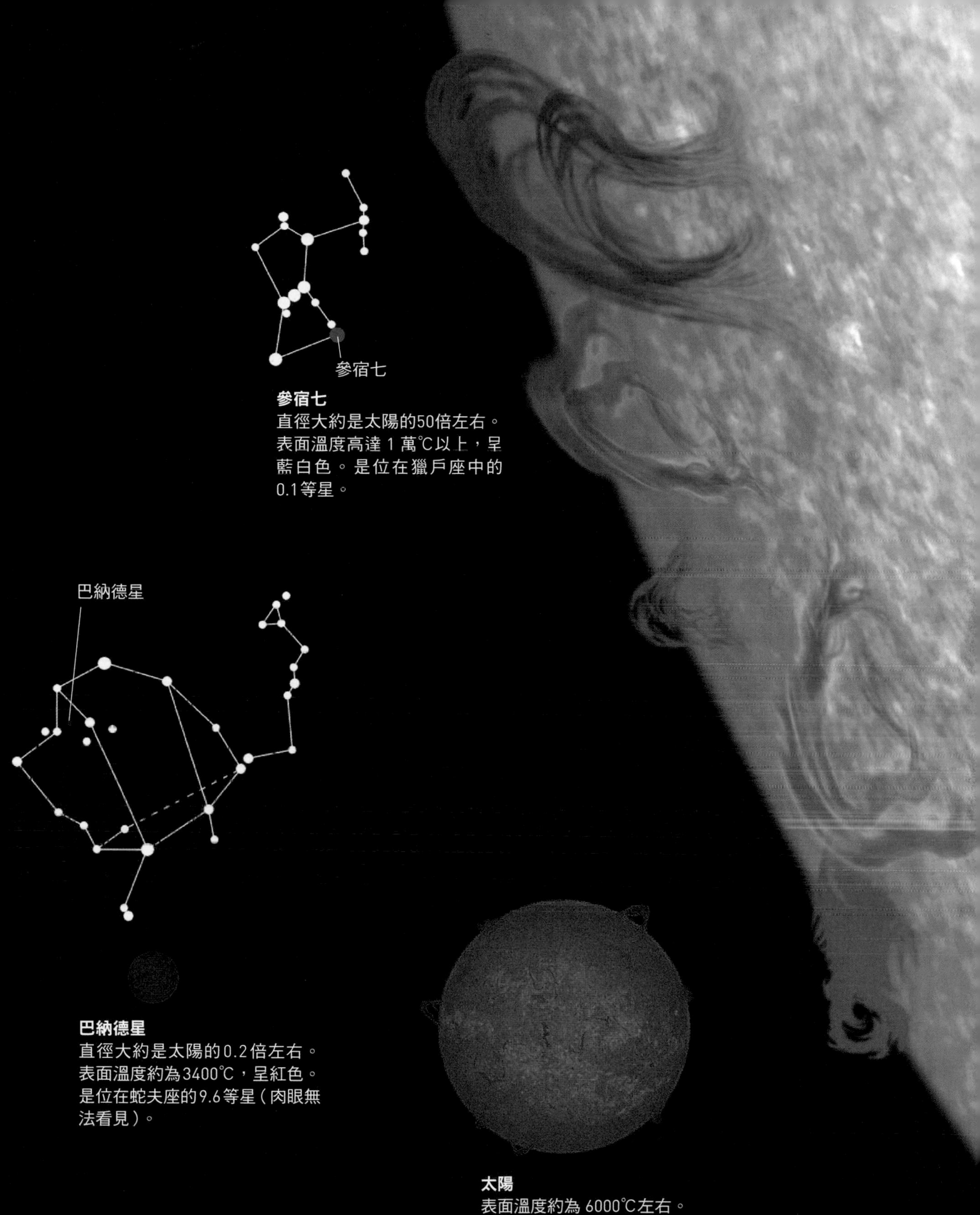


**參宿七**
直徑大約是太陽的50倍左右。表面溫度高達 1 萬℃以上，呈藍白色。是位在獵戶座中的0.1等星。

**巴納德星**
直徑大約是太陽的0.2倍左右。表面溫度約為3400℃，呈紅色。是位在蛇夫座的9.6等星（肉眼無法看見）。

**太陽**
表面溫度約為 6000℃左右。

# 散發各色光芒的煙火

## 隨著材料中元素的不同，散發獨特的顏色

### 煙火的焰色反應

煙火中五彩繽紛的顏色，應用了原子的焰色反應。舉例來說，紅色的煙火中含有鍶的化合物，黃色的則含有鈉的化合物。

能改變物質發光顏色的，可不只溫度。高溫物質所發出的光的顏色，也會隨著物質中包含的原子種類（元素），而對應不同的顏色。這種現象稱為「焰色反應」（flame reaction）。鈉對應到黃色，鋰對應到紅色，鉀對應到紫色，依此類推。

煙火的設計正是應用了焰色反應的原理。煙火中鮮豔而多變的色彩，是由各式各樣的原子所發出的光組合而成的。

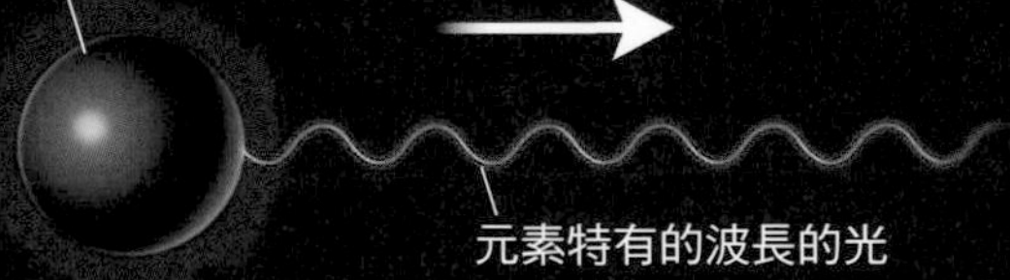

高溫物質中的原子

光的前進方向

元素特有的波長的光

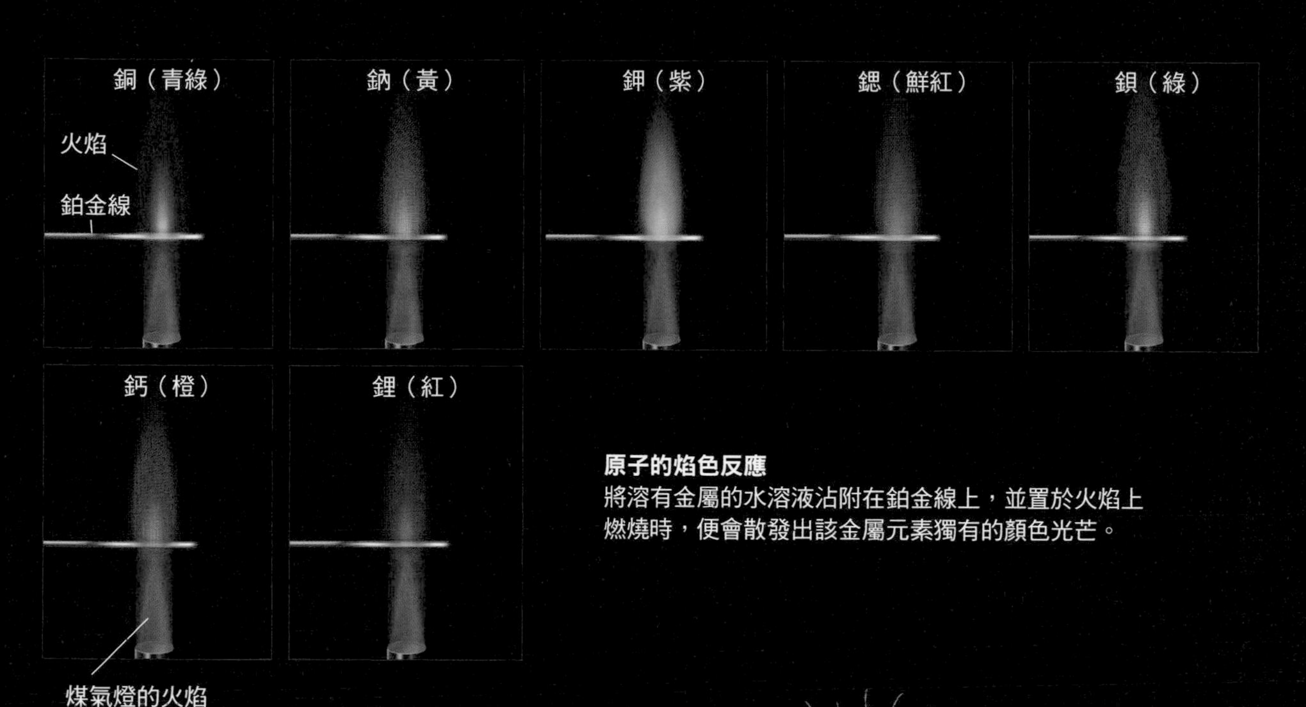


**原子的焰色反應**
將溶有金屬的水溶液沾附在鉑金線上，並置於火焰上燃燒時，便會散發出該金屬元素獨有的顏色光芒。

生活周遭的電磁波

# 在軌域間移動時發出光的電子

## 根據跨越的「高度差」釋放出能量

**電子透過將光放出與吸收，在軌域之間移動**

圖中顯示電子在軌域之間移動時，將光放出與吸收的情況。這裡雖然將電子的軌域簡單描繪成 1 階與 2 階，實際上有更多的軌域。

為何不同種類的原子，會發出不同波長的光呢？原因是位於原子核周遭的電子「軌域」，這些軌域正是電子存在的場所。

與原子核距離越遠的軌域，所帶有的能量就越大。假設現在有一個位在「2 階」的軌域（如圖），而比它更接近原子核的軌域，也就是能量較低的軌域，把它當成「1 階」。當電子從「2 階」跨向「1 階」的軌域時，電子所帶有的能量會跟著變小，而這些減少的能量就會被釋放出來。

這些被釋放出的能量，就是焰色反應中發出的光芒。

根據原子的種類不同，電子在跨越軌域時所改變的能量都不相同。也就是說，不同原子所釋放出的能量都會不一樣，因此會釋放出不同顏色（波長）的光。

正常狀態下，安定的原子不會像圖中那樣放出光芒。當原子受到外部的能量影響時，電子會向較高的軌域移動，並在回到較低的軌域時放出光。

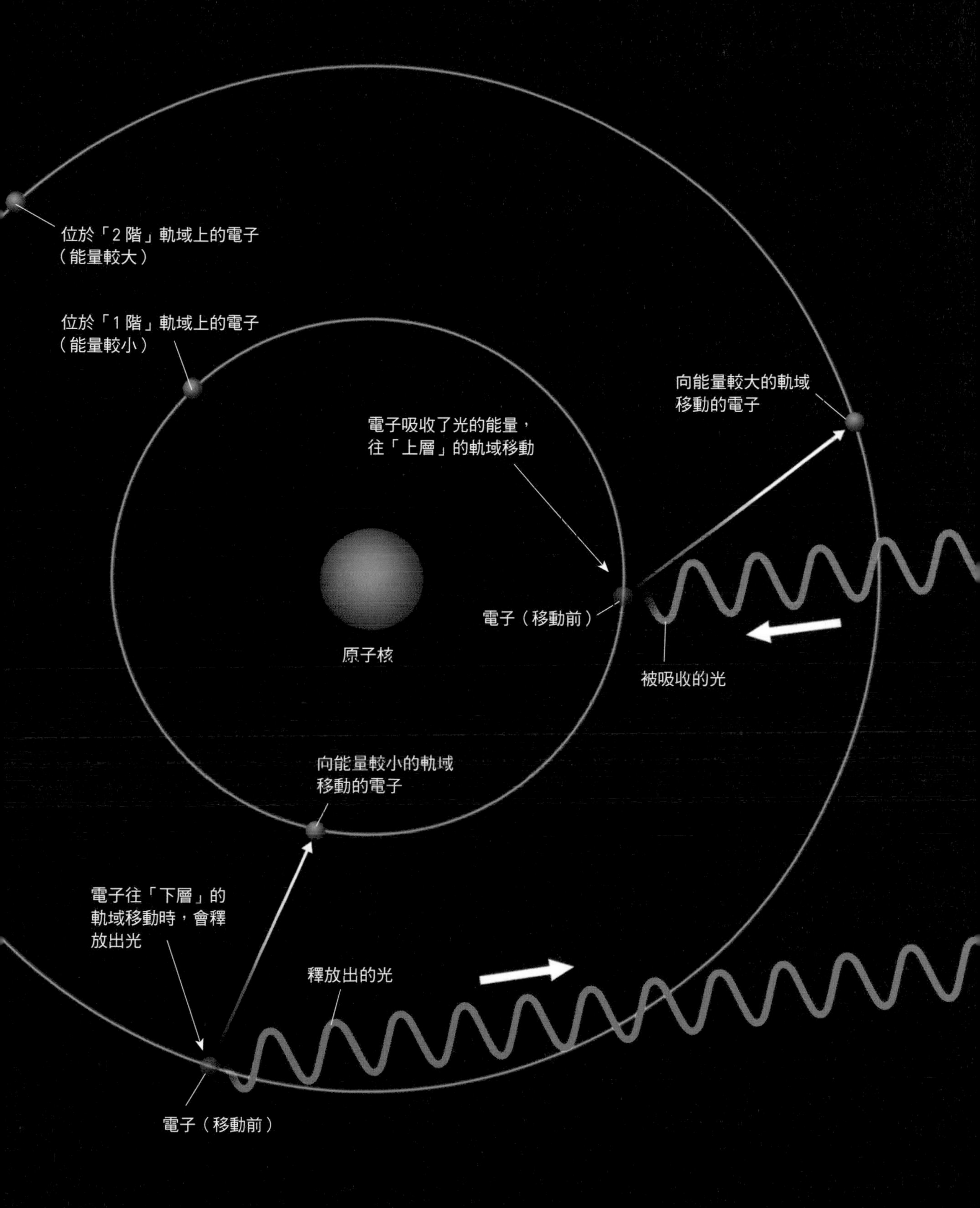
位於「2 階」軌域上的電子
（能量較大）
位於「1 階」軌域上的電子
（能量較小）
向能量較大的軌域
移動的電子
電子吸收了光的能量，
往「上層」的軌域移動
電子（移動前）
原子核
被吸收的光
向能量較小的軌域
移動的電子
電子往「下層」的
軌域移動時，會釋
放出光
釋放出的光
電子（移動前）

生活周遭的電磁波

# 透明的物質與其他物質的差別

## 玻璃中的分子，能將捕捉到的可見光迅速地釋放

透明窗戶之所以能看見窗戶的另一邊，是因為可見光能夠穿過窗戶玻璃。玻璃中的分子會將入射的可見光「吸收」，並瞬間再次將光釋放出來。因此可見光可以穿過玻璃，使玻璃看起來是透明的。

但同樣是光，遠紅外線或紫外線的情況卻不一樣。玻璃之中的分子（電子）其容易產生振動的頻率（1 秒內產生的振動次數）正好對應到遠紅外

### 玻璃可以讓可見光通過，並阻擋遠紅外線和紫外線

雖然對可見光而言，玻璃是透明的，但對遠紅外線和紫外線來說是不透明的。這是因為玻璃中的分子容易產生振動的頻率與遠紅外線和紫外線的頻率相同，於是將這些光吸收了。

**可見光的「吸收」與「再釋放」的連鎖反應**

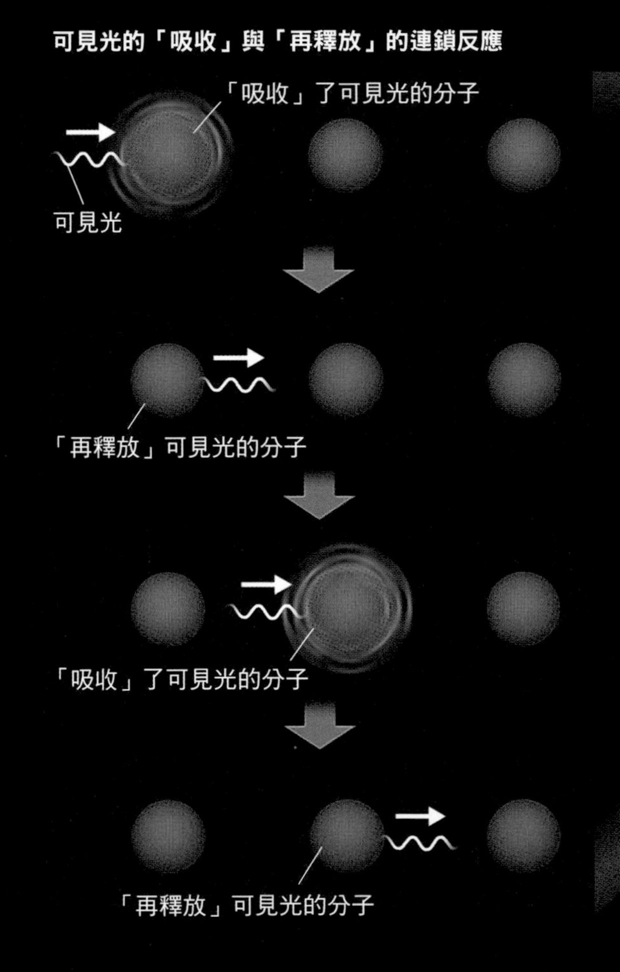

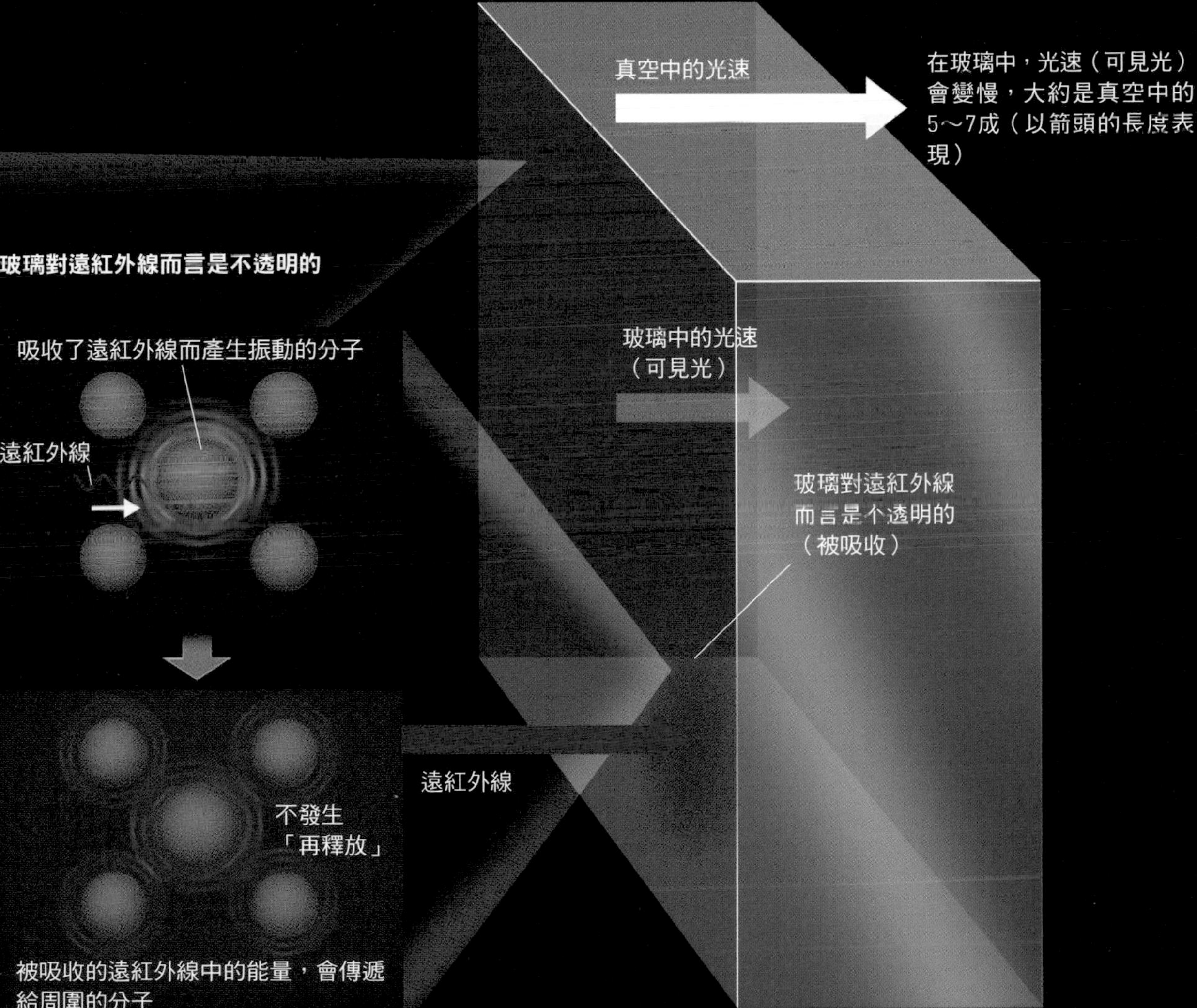
真空中的光速
在玻璃中，光速（可見光）會變慢，大約是真空中的5～7成（以箭頭的長度表現）
玻璃對遠紅外線而言是不透明的
吸收了遠紅外線而產生振動的分子
遠紅外線
玻璃中的光速（可見光）
玻璃對遠紅外線而言是不透明的（被吸收）
遠紅外線
不發生「再釋放」
被吸收的遠紅外線中的能量，會傳遞給周圍的分子

Column

Coffee Break

# 極光是原子的「激動狀態」消退時發出的光

來介紹一下能在極地地區看到的極光原理。

太陽會向周遭的宇宙空間釋放氣體，這個氣體稱為「太陽風」。太陽風中的粒子到達地球時，會受到地球磁場的磁力作用，被運向極地地區，並與大氣中的氧氣與氮氣裡的電子發生碰撞。

這麼一來，原子與分子中的電子就會跳躍到能量較高的軌域。而跳躍到上層的電子，會像第54頁中說明的那樣，在回到原本的軌域時發出光芒，也就是我們所見的極光。

極光的顏色，會因為發生源含有的原子與分子的種類不同，而變成紅色或綠色等不同的顏色。

2011年9月17日，自經過印度洋南部上空的國際太空站（ISS）拍攝到的南極極光的照片。

光既是波，也是粒子

# 光究竟是波呢，還是粒子呢？

## 如果單純把光當成波，就無法解釋某些現象

到目前為止，我們都把光當成波來介紹。但如果只是單純把光當成波，有個現象卻無法得到解釋。那就是當波長較短的光打中金屬時，電子會得到光的能量並彈飛出去的現象（光電效應）。

相對的，波長較長的光無論多亮，擊中金屬時都不會使電子彈出。若是把光當成波，那麼越明亮的光其振動幅度越大，應該也能讓電子產生更劇

**波長較長的光，**
**不會引起光電效應**

波長較長的光
就算再亮，也無法引起光電效應

金屬板

若把光當成粒子來考慮，波長較長的光中所帶有的光子，能量較小，因此將電子撞飛的力道也較小。

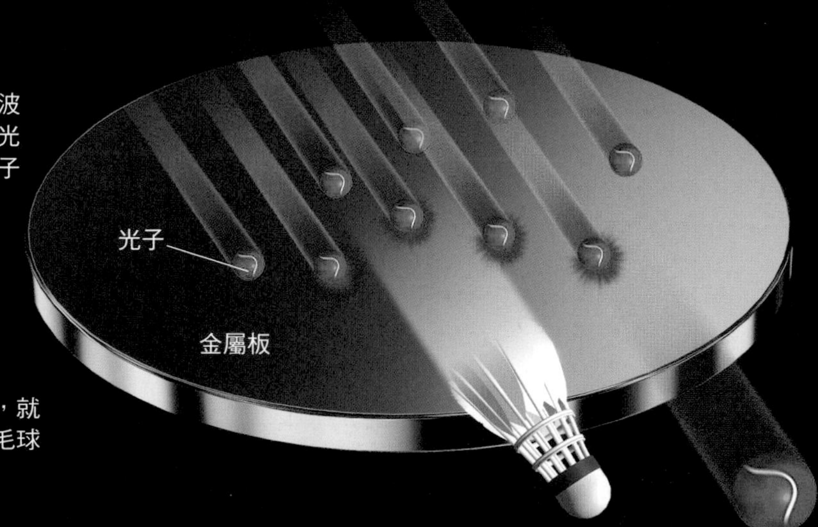


波長較長的光中的光子，就像是衝擊力道微弱的羽毛球

烈的運動並彈飛出去才對。

知名的物理學家愛因斯坦（Albert Einstein，1879～1955）提出一個想法，認為「光的能量應該有個最小的單位（接近粒子的性質）」。這個最小的單位被稱為「光子」（光量子）。

光的明亮程度和它含有的光子數量有關，而一個電子只會和一個光子產生碰撞，因此就算有許多波長較長、能量較小的光子（亮度很高），也無法讓電子飛出去。這樣的說法也與實驗結果吻合 ── 光既有波的性質，同時也有粒子的性質。

### 光同時具有波與粒子的性質

波長較長的光無論多亮，擊中金屬時都不會使電子彈出，而波長短的光就算亮度很低，也能讓電子彈出。只要了解到光不只有波的性質，同時也有粒子的性質，就能夠說明這個現象。

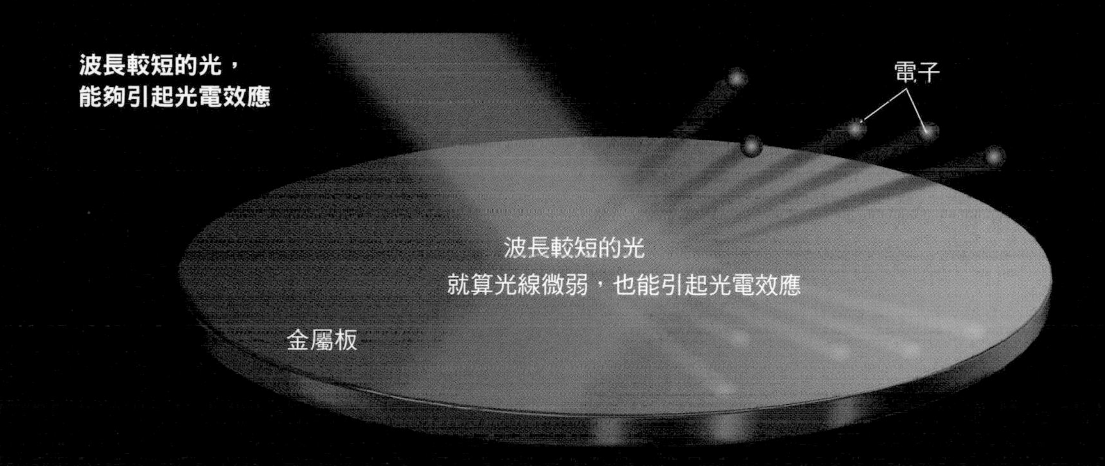


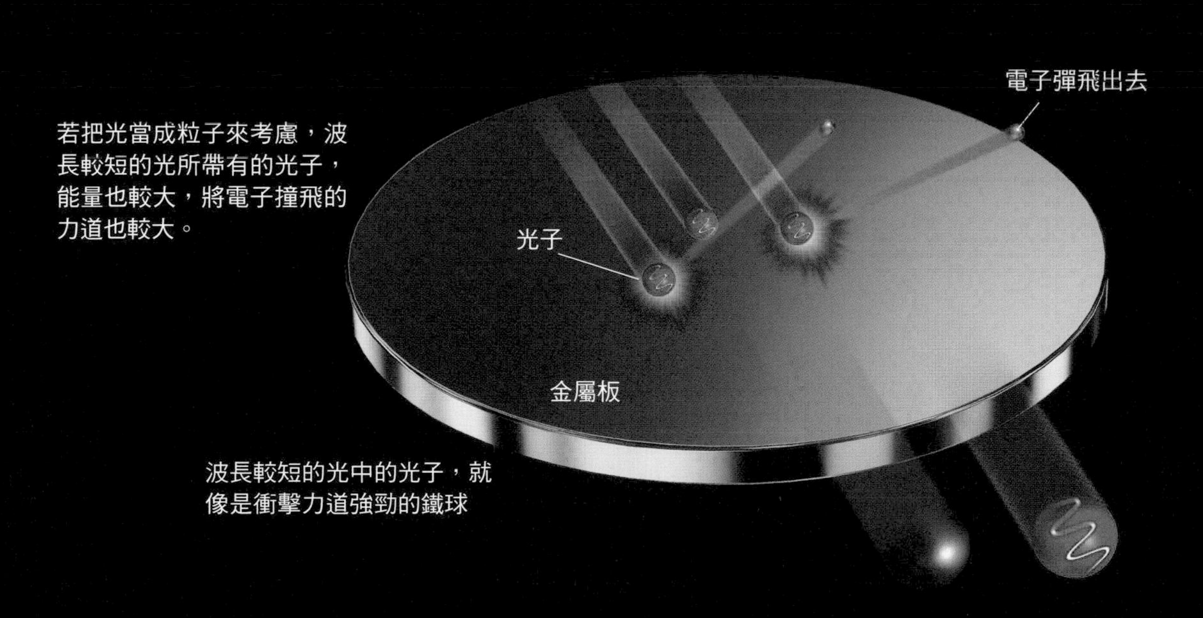

光既是波，也是粒子

# 光能夠讓物體產生移動？

## 在沒有空氣阻力的宇宙空間中，光能夠推動物體

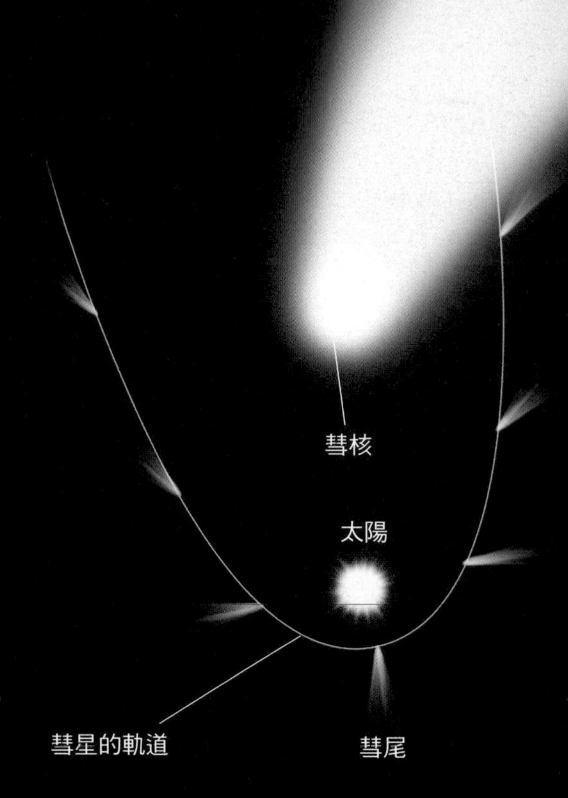


**彗星**
在前端有著雪球般微小的「彗核」，從這裡釋放出塵埃與氣體。

受到光照射的物體，其實承受著光的壓力。光能夠產生電場與磁場並引起振動，使物質中存在的電子等粒子受力，這些力累積起來，就成為物體自光受到的壓力。把光的壓力想像成是無數的小球（光子）碰撞在物體上時產生的壓力，或許會更直觀好懂一些吧。

由於光的壓力非常微弱，在日常生活中感受不到。不過，在沒有空氣阻力的宇宙中，物體一旦開始移動就無法停下來。因此，即便是微小的光壓，也能夠產生相當顯著的影響，這樣的例子比比皆是。

比方說彗星的尾巴，會因為太陽光的壓力與太陽風的影響，往太陽的反方向伸長。小行星探測器「隼鳥號」的飛行控制，也考慮到太陽光的壓力而進行過調整。另外，於2010年發射的太陽帆實驗機「IKAROS」，更是直接利用光的壓力作為推進的動力，以此減少燃料的消耗。這樣的設計，在未來探索木星以外的宇宙時，相當令人期待。

太陽

**探測器「隼鳥號」**
受到小行星「糸川」的重力，
以及太陽光的壓力。

小行星「糸川」

木星

**太陽帆**
（宇宙帆船）

由金屬箔製成的帆。
受到太陽光的壓力。

有效的使用光

# 植物能夠利用光來製造養分

## 光是生產養分與氧氣的能量來源

最後，來看看生活周遭有哪些有效利用光的例子吧。

為了維生而將光（可見光）進行有效利用的生物中，最具代表性的就是植物。植物透過光來製造所需的養分，並賴以為生，而這樣的反應就稱為「光合作用」（photosynthesis）。

光合作用發生於植物葉片細胞中的「葉綠體」裡。

植物自根部吸收的水分，與自葉片吸入的二氧化碳，都會被運送到葉綠體裡面。使用水和二氧化碳進行反應，最後就能得到碳水化合物。這個反應需要能量，而光正是其能量來源。在產生碳水化合物的同時，也會產生氧氣，並釋放到大氣中。

### 植物的光合作用

光合作用發生於植物的葉綠體裡。從外界獲得的水與二氧化碳，藉著光帶來的能量在此產生反應，最後會製造出構成植物身體的碳水化合物以及氧氣。地球上的氧氣大部分為植物進行光合作用後的產物。

葉綠體
植物葉片細胞中的葉綠體是
光合作用發生的場所。
氧氣
分解水而產生的氧氣，
會被釋放到大氣中。
光
碳水化合物
透過光合作用生成的碳
水化合物，構成植物的
身體。

有效的使用光

# 光觸媒所發揮的清潔效果

## 透過光分解髒汙，或是讓髒汙浮起來

利用光的能量加速化學反應速度的物質，稱為「光觸媒」。使用光觸媒，就能讓廁所、外牆或窗戶玻璃等變得不易髒汙，因此被廣泛應用於各式各樣的地方。

「二氧化鈦」（$TiO_2$）是一種常見的光觸媒，它具有 2 種不同的自我清潔效果。第一種效果是「光觸媒分解」，當二氧化鈦照射到光（紫外線），沾附在其表面的汙漬等有機物

### 用於城市的光觸媒

具有髒汙不易附著、髒汙容易被水沖走、能夠分解異味、殺菌、避免起霧等種種特性的光觸媒，被廣泛的應用在各式各樣的用途上。

質（含有碳的物質），會被分解為水與二氧化碳。除了髒汙外，就連造成異味的元凶 ── 細菌，甚至是細菌製造出的毒素都能被分解。

二氧化鈦的另一種效果是「超親水性」。照射到光時，二氧化鈦的表面構造會發生變化，變得更容易與水結合。因此，水會潛入二氧化鈦與髒汙之間的縫隙，讓髒汙浮起來，並將髒汙沖走。除此之外，由於噴灑在二氧化鈦上的水會均勻分布，不易形成水滴，將二氧化鈦使用在玻璃上時，也有預防起霧的效果。

**光觸媒的兩種原理**

**光觸媒分解**

照射到光（紫外線）時，沾附其上的髒汙等有機物，會被分解為水與二氧化碳。

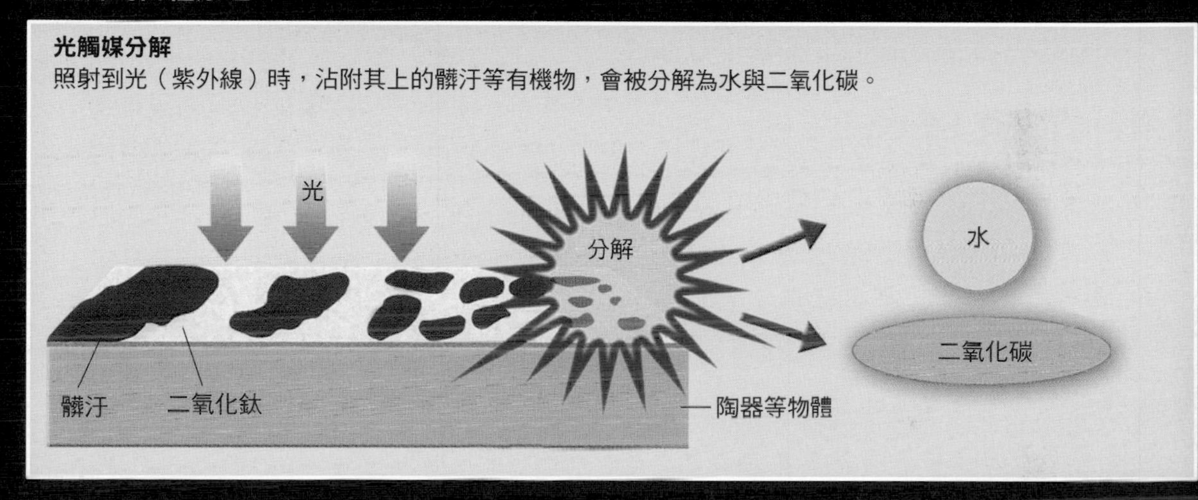


**超親水性**

材料表面與水之間的夾角「接觸角」越小，代表材料的親水性越高。照射到光時，二氧化鈦的表面結構會發生變化，獲得超親水性。這麼一來，只要往表面潑水就能讓髒汙浮起來，另外還能預防起霧。

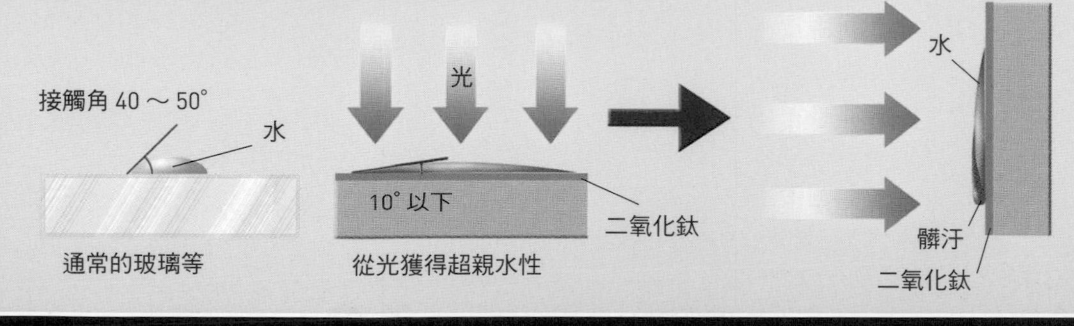

有效的使用光

# 省電又明亮的 LED電燈原理

## 由於電力能夠直接轉換成光，使用的電力較少

近年來，「LED」（Light Emitting Diode）逐漸成為照明工具的主流，中文也稱作發光二極體。

LED由兩種半導體黏合在一起：一種是包含許多帶正電的「電洞」（hole），它們丟失了電子且能自由移動；另一種則是包含能自由移動、帶負電的電子。移動中的「電洞」與電子互相結合時，會釋放出能量並產生光。

### LED能直接把電力變換成光

以下描繪發出白色燈光的日光燈以及LED的發光原理。由於LED能夠把電力直接變成光，耗費的電力比白熾燈或日光燈要少。另外，LED電燈的壽命長達白熾燈的25～40倍，日光燈的4～7倍。

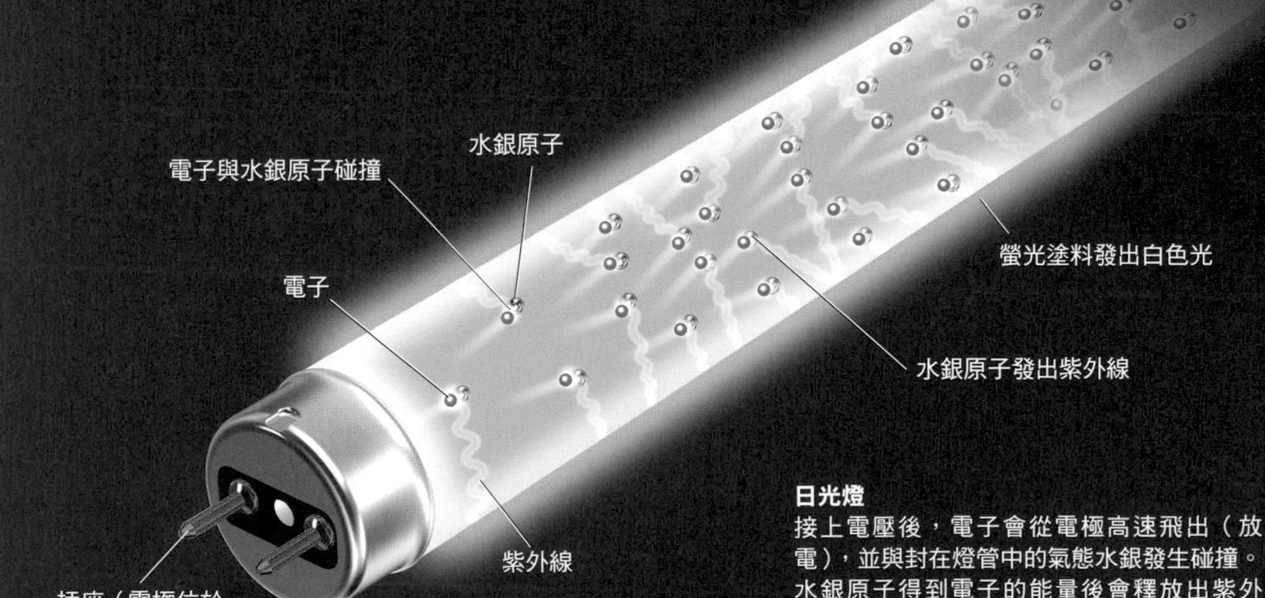


**日光燈**

接上電壓後，電子會從電極高速飛出（放電），並與封在燈管中的氣態水銀發生碰撞。水銀原子得到電子的能量後會釋放出紫外線，而塗在燈管內側的螢光塗料在吸收紫外線的能量後，便以可見光的形式釋放。

由於LED是以這種方式，直接將電力轉換成光，因此相較於加熱燈絲來發光的白熾燈，或是透過放電現象來發光的日光燈，LED的用電量更少。

另外，被認為較難製作的藍色LED，也在1990年代成功實用化。再加上紅色LED與綠色LED，人們湊齊了光的三原色，使得LED能夠顯示所有顏色的光，故被廣泛地運用於照明、藍光光碟、液晶顯示器的背光等用途上。

**LED**
上半是丟失電子形成「電洞」，能夠自由流動的p型半導體，下半是電子能夠自由流動的n型半導體。只要接上電壓，電洞與電子就會移動，並在接觸面結合，將能量的一部份以光的形式釋放。

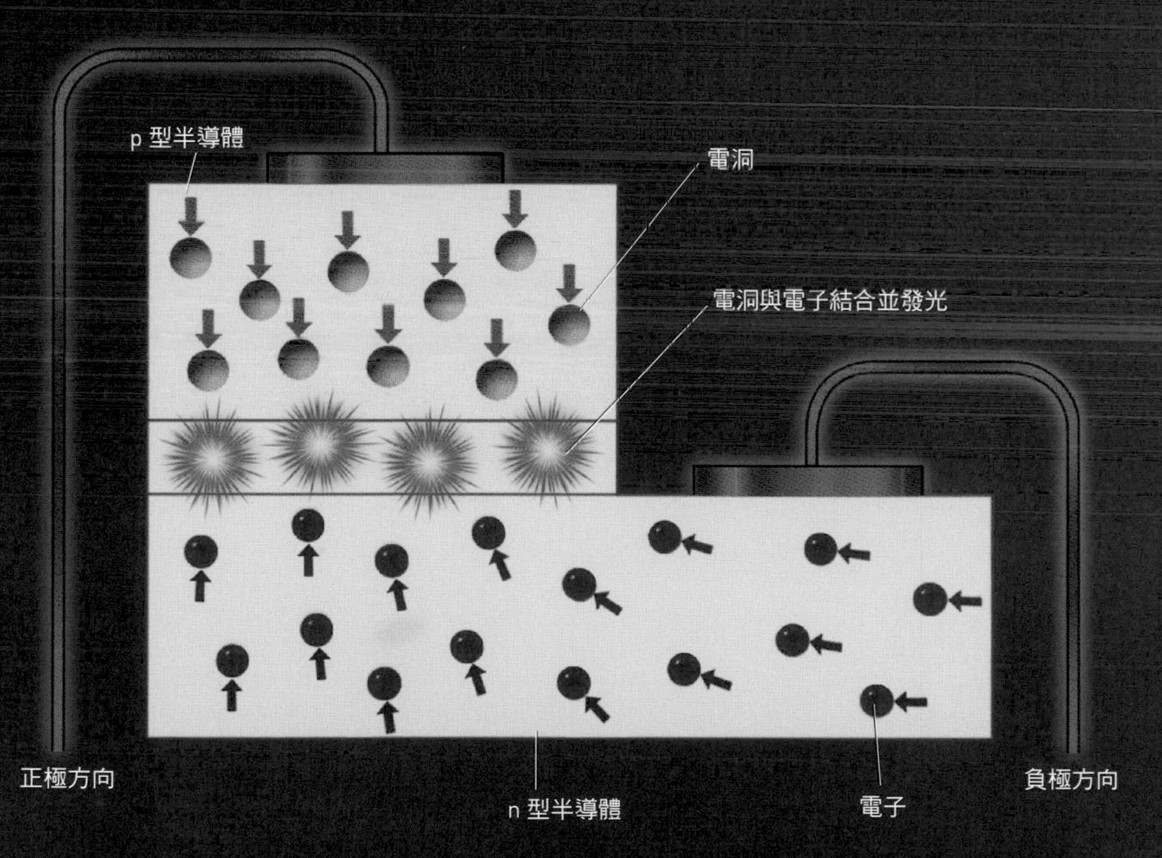

有效的使用光

# 雷射光是波長整齊的光

## 能夠將龐大的能量聚集於一點

如果說20世紀是電子工程的時代（電子的時代），那麼21世紀就可以說是光電工程的時代，也就是「光的時代」。這個時代的主角之一是「雷射」(laser)。

雷射是能夠產生「雷射光」的裝置。從日光燈這種一般光源所發出的光，其行進方向、波長、波峰與波谷的位置都是雜亂無章的，就像是派對上的群眾隨意交談的景象。相對來

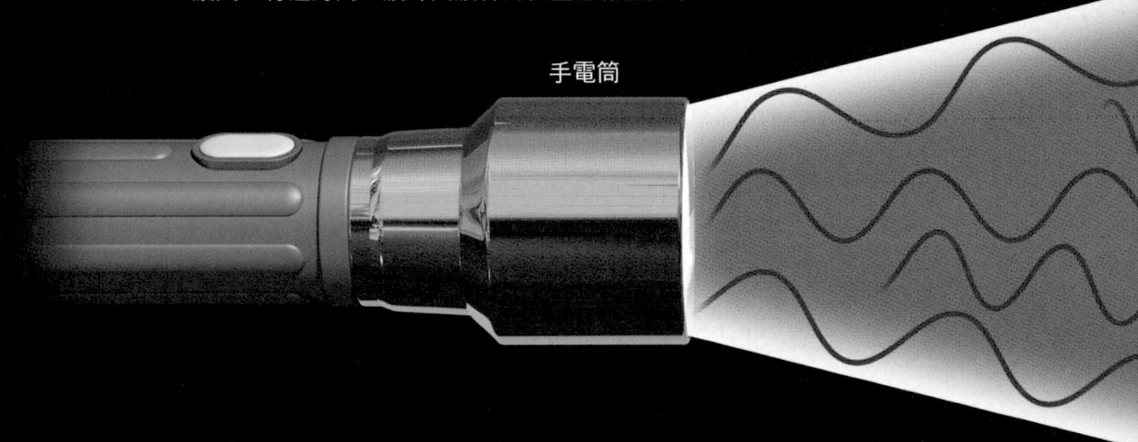

在上圖中，以一條紅色線表示的才是雷射光，波形起伏只是將電場的振動以圖表示出來。

說，雷射光的行進方向、波長、波峰與波谷的位置都是整齊劃一的，有如一大群人在齊聲合唱一樣。

雷射有許多相當優秀的性質，比如「能夠將龐大的能量聚集於一點」。就算用透鏡將白色光聚焦，由於不同顏色（波長）的光其折射率都不相同，因此焦點是模糊的。不過，雷射光的行進方向與波長都一致，因此透過透鏡，能夠將光（能量）集中在非常小的一點上。

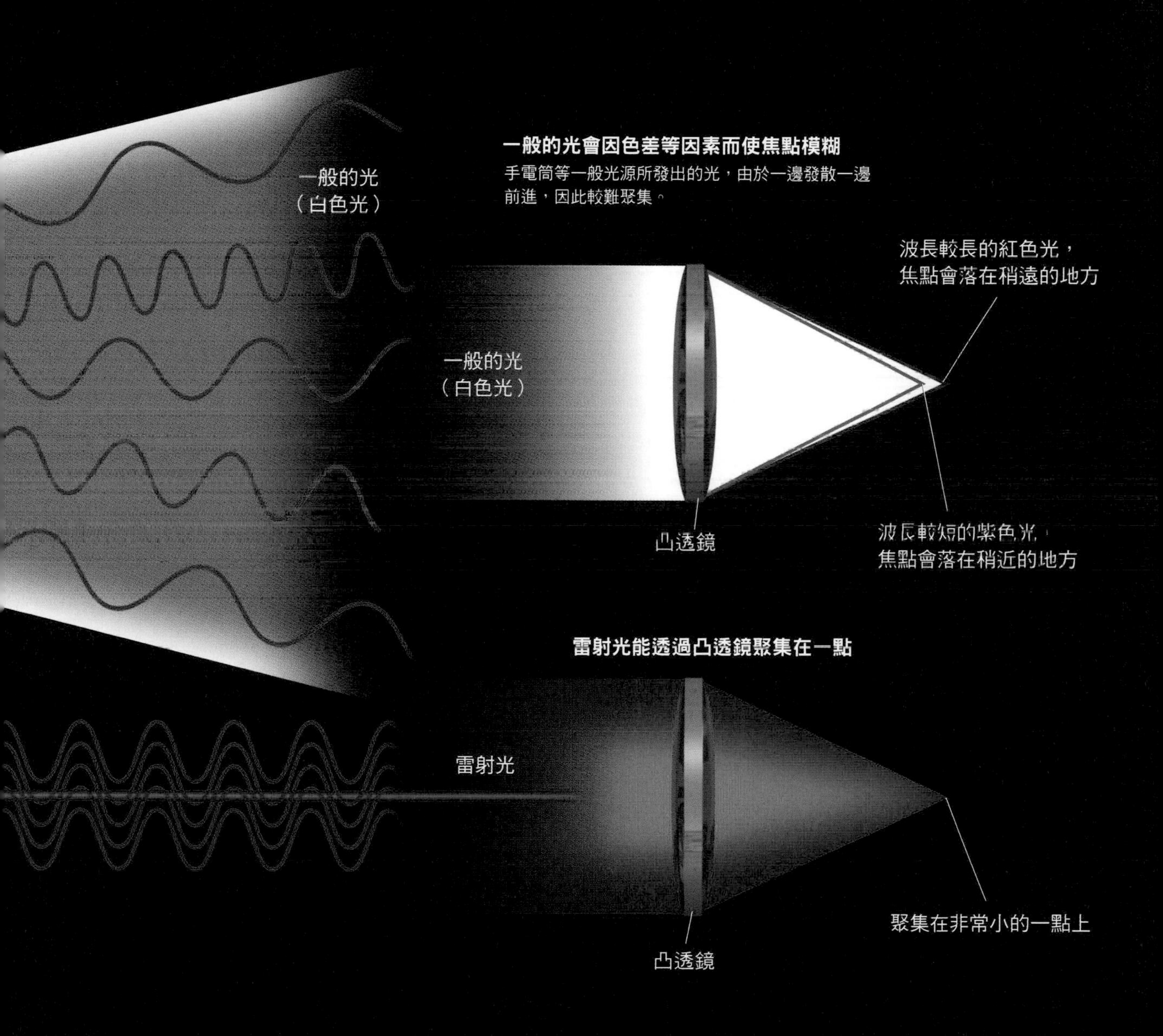

有效的使用光

# 雷射光活躍於DVD等領域

## 透過雷射光，能夠讀取光碟上的凹凸起伏

雷射光是由行進方向、波長、波峰與波谷的位置都一致的光所組成的，因此能夠透過透鏡，讓所有光產生相同的折射，匯聚在非常小的一個點上。這也代表雷射光能夠將龐大的能量，聚集在一個小點上。

雷射光被應用在DVD等光碟上。當我們播放光碟時，其實是透過透鏡將雷射光收縮成一束，打在光碟的記錄面上，藉此讀取光碟的凹凸起伏中儲存的資訊。

當雷射光照射到訊坑（凸起部分）時，反射光會減弱，因此可以透過訊坑的有無，以及反射光的強弱來讀取儲存在光碟中的資訊。而可寫錄資訊的光碟，則是以雷射光照射在記錄膜上，使受到照射的點升溫並改變物質型態，進而改變反射率。要讀取DVD的話，一般是使用紅色雷射光，而藍光光碟（Blu-ray Disc）使用的是波長更短的藍紫色雷射光，因此可以讀取並寫錄更加詳細的資訊。

### 雷射光的應用方式

雷射光能夠輕鬆切斷從硬到軟的各式物體，因此被使用於加工業。除此之外，雷射光也被使用在光碟、條碼讀取機、光通訊等不同用途上。

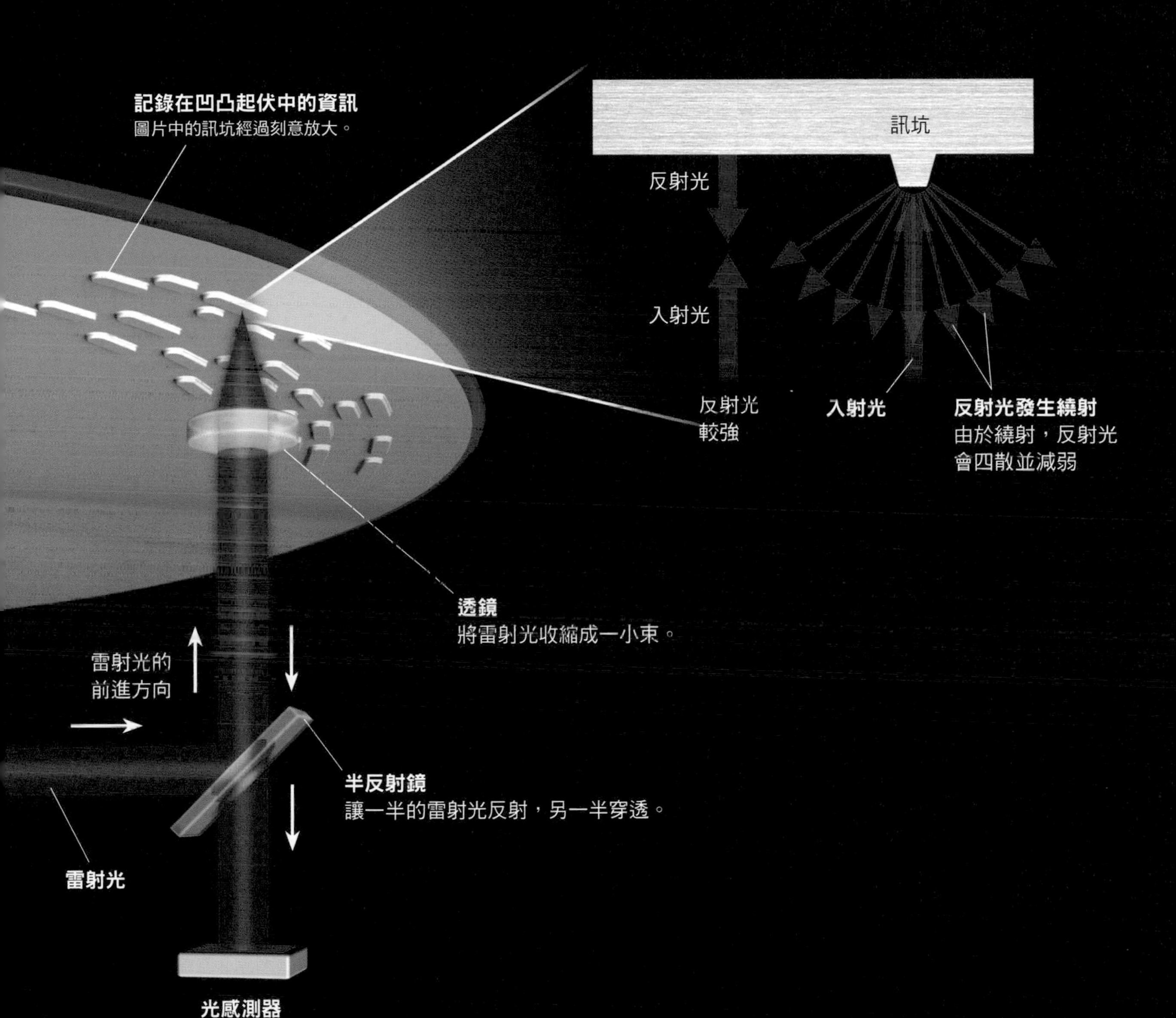

有效的使用光

# 透過光線傳遞資訊的光纖

## 使用能運送更多資訊的光，實現高速通訊

雷射光的另一個用途是光通訊。這是將電子訊號中的「0」與「1」，以雷射光的強弱來表示的技術。雷射光透過玻璃或塑膠製「光纖」（fiber optics）的傳播，能夠傳到相當遠的地方。

光通訊中使用的雷射光是近紅外線，位於較難被玻璃吸收的波長範圍中。另外，在電磁波中，1 秒內的振動次數（頻率）越高的波，能夠在相同的時間內傳送更大量的資訊。

在行動電話中使用的，是頻率較小的無線電波，但在光通訊中使用的，是頻率比無線電波更高的近紅外線，因此能夠實現高速通訊。

### 光纖中使用的是近紅外線

在光通訊中使用的近紅外線，是最不易被玻璃製光纖吸收的光，並且其頻率更高，因此能夠傳送的資訊量也更多。

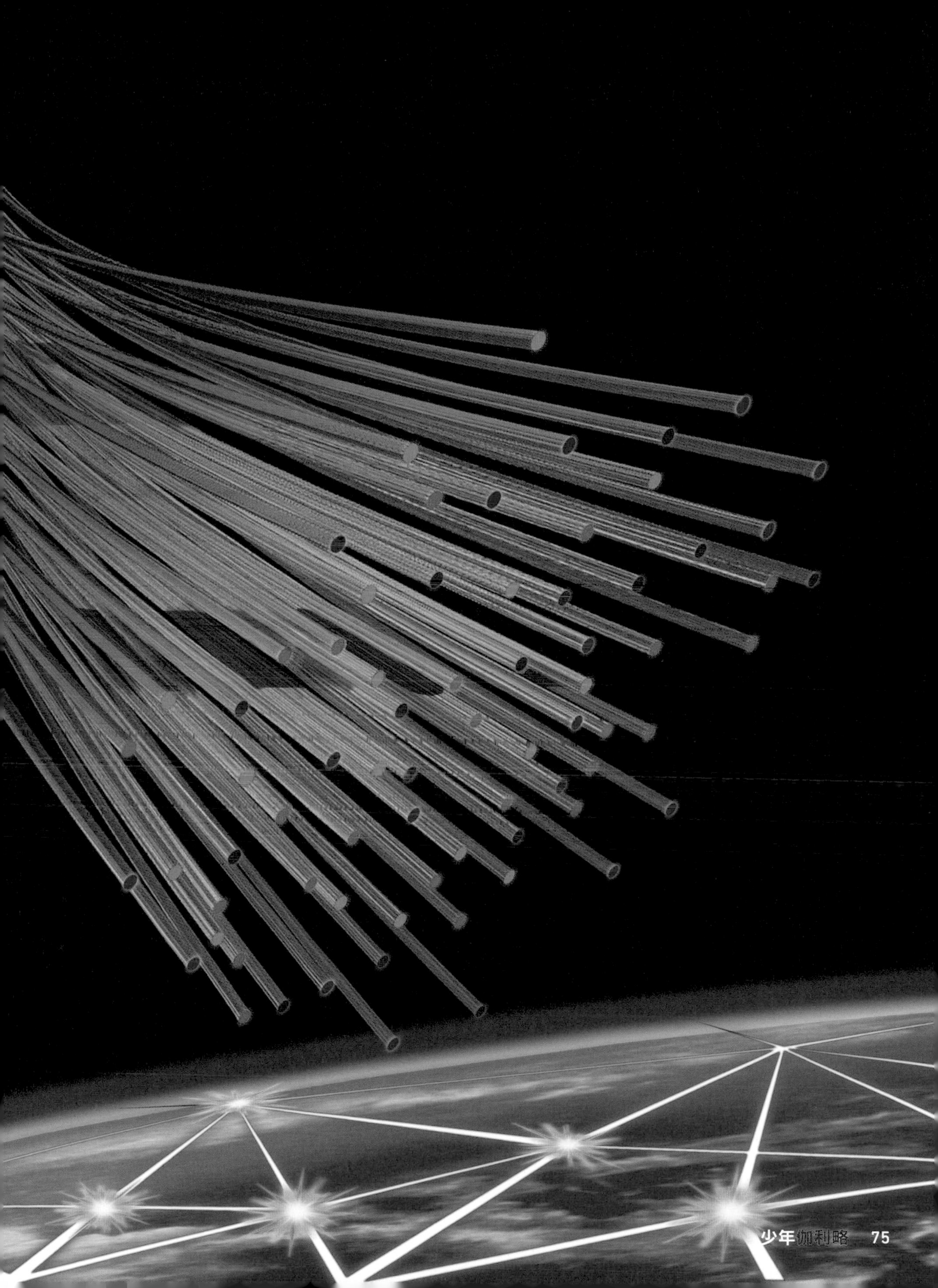

Column

Coffee Break

# 超越現存雷射技術的究極雷射

雷射光的技術日新月異，其中相當令人驚豔的一種技術就是「飛秒雷射」（1飛秒是1000兆分之1秒）。飛秒雷射是能夠發出「超短脈衝光」的裝置，能在1～100飛秒的超短時間內高速閃爍。

脈衝光是只在一瞬間內閃爍的光。相機閃光燈發光的時間大約是在微秒範圍內（1微秒是100萬分之1秒），因此飛秒範圍內的超短脈衝光發光的時間，大約是相機閃光燈的10億分之1。

光速雖高達每秒30萬公里，但在1飛秒的時間內，就算是光，能夠前進的距離也不過0.3微米（1萬分之3毫米）。

近年來，如阿秒雷射（1阿秒是100京分之1秒）等閃爍時間更短的超短脈衝光，也進入了開發階段。

**在1飛秒的時間內，就算是光，前進的距離也只和病毒的大小差不多**

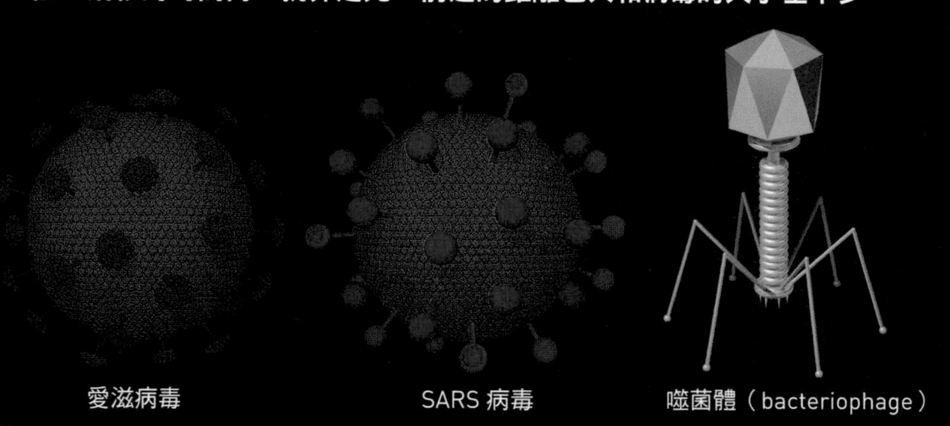


圖中的愛滋病毒、SARS 病毒與噬菌體，都是大小約 0.1 微米左右的病毒（「微」代表 100 萬分之 1）。

**在 1000 兆分之 1 秒內閃爍的超短脈衝光**

不過對於可見光而言，理論上最短時間的下限約為 2 飛秒左右。

以上就是《光的原理》的全部內容。一聽到光，大家腦海中浮現的或許是太陽光或是燈光，事實上我們在日常生活中見到的一切，其實都是光。要是沒有光，不僅看不見物體，也無法辨別物體的顏色。

另外除了可見光，也存在著如X射線、紫外線、無線電波等眼睛看不見的光。我們能夠利用X光來診斷疾病，或是享受電視與網路帶來的娛樂，過著便利的日常生活，都是因為利用了光所具備的豐富性質。

讀完這本書後，觀察一下四周，是不是原本認為相當神祕的光，變得更加親切了呢？想進一步學習物理知識可參考人人伽利略11《國中・高中物理：徹底了解萬物運行的規則！》

## 少年伽利略 科學叢書11

# 相對論

### 從13歲開始學相對論

大家都聽過相對論，但不一定知道相對論在講什麼。愛因斯坦提出相對論，顛覆了世人對時間、空間的概念。時間的速度為什麼會不一樣？重力又會對時間空間帶來什麼影響？本書透過清楚的圖解，讓國高中生也可以掌握到相對論的基本概念，13歲就可以開始熟悉相對論的思維方式，開拓學習物理的視野！

**少年伽利略系列好評熱賣中！**

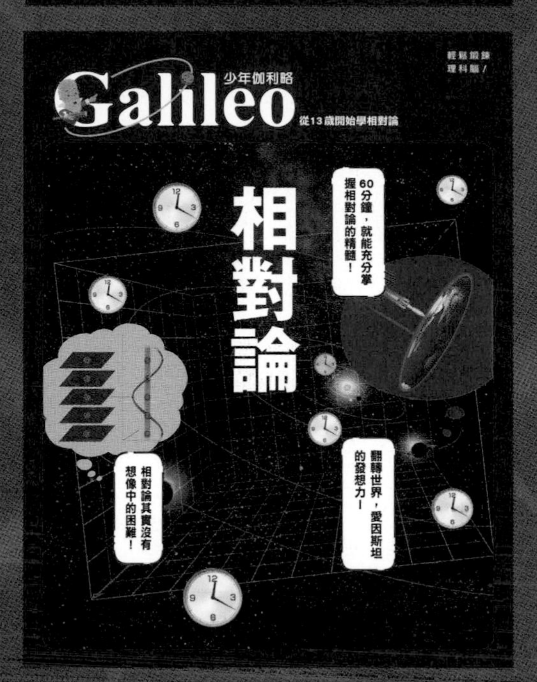


定價：250元

## 人人伽利略 科學叢書11

# 國中·高中物理

### 徹底了解萬物運行的規則！

物理學是探究潛藏於自然界之「規則」（律）的一門學問。人類驅使著發現的「規則」，讓探測器飛到太空，也藉著「規則」讓汽車行駛，也能利用智慧手機進行各種資訊的傳遞。倘若有人對這種貌似「非常困難」的物理學敬而遠之的話，就要錯失了解轉動這個世界之「規則」的機會。這是多麼可惜的事啊！

**人人伽利略系列好評熱賣中！**

定價：380元

【 少年伽利略 16 】

# 光的原理
## 在許多科學領域大放異彩

作者／日本Newton Press
特約編輯／洪文樺
翻譯／馬啟軒
編輯／林庭安
商標設計／吉松薛爾
發行人／周元白
出版者／人人出版股份有限公司
地址／231028 新北市新店區寶橋路235巷6弄6號7樓
電話／（02）2918-3366（代表號）
傳真／（02）2914-0000
網址／www.jjp.com.tw
郵政劃撥帳號／16402311 人人出版股份有限公司
製版印刷／長城製版印刷股份有限公司
電話／（02）2918-3366（代表號）
經銷商／聯合發行股份有限公司
電話／（02）2917-8022
第一版第一刷／2021年12月
定價／新台幣250元
　　　港幣83元

國家圖書館出版品預行編目（CIP）資料

光的原理：在許多科學領域大放異彩
日本Newton Press作；
馬啟軒翻譯. -- 第一版. --
新北市：人人, 2021.12
面； 公分. —（少年伽利略；16）
ISBN 978-986-461-267-3（平裝）
1.光學 2.通俗作品

336　　110017913



### Staff

Editorial Management　木村直之
Design Format　米倉英弘＋川口 匠（細山田デザイン事務所）
Editorial Staff　上月隆志，谷合 稔

### Photograph

12～13　Leonard Lessin/Science Source/PPS通信社
34～35　NASA/JPL/Texas A&M/Cornell
58～59　NASA

### Illustration

Cover Design　宮川愛理
2～11　Newton Press
14～33　Newton Press
36～51　Newton Press
52～53　小林 稔
54～57　Newton Press
60～68　Newton Press
69　吉原成行
70～73　富﨑NORI
74～77　Newton Press